设计艺术丛书

建筑风景钢笔画技法
JIANZHU FENGJING GANGBIHUA JIFA

黄元庆 朱瑾 编著

东华大学出版社

图书在版编目(CIP)数据

建筑风景钢笔画技法/黄元庆，朱瑾编著. —上海：东华大学出版社，2013.5
ISBN 978-7-5669-0275-7

Ⅰ.①建… Ⅱ.①黄…②朱… Ⅲ.①建筑画-风景画-钢笔画-绘画技法 Ⅳ.①TU204

中国版本图书馆CIP数据核字(2013)第105317号

责任编辑　杜亚玲
封面设计　潘志远

书　　名：建筑风景钢笔画技法
编　　著：黄元庆　朱　瑾
出　　版：东华大学出版社(上海市延安西路1882号,200051)
本社网址：http://www.dhupress.net
天猫旗舰店：http://dhdx.tmall.com
营销中心：021-62193056　62373056　62379558
印　　刷：苏州望电印刷有限公司
开　　本：787mm×1092mm　1/16　印张：8
字　　数：200千字
版　　次：2013年5月第1版
印　　次：2013年5月第1次
书　　号：ISBN 978-7-5669-0275-7/J·136
定　　价：27.00元

序

在庞大的美术绘画家族中，钢笔画几乎是名不见经传的无名小辈。且不说无法与油画、国画、版画、雕塑这"四大金刚"相比较，就是在水彩画、水粉画这些"轻"兄弟面前，它的地位似乎也不值一提。

然而，钢笔画毕竟是个画种，它是艺术百花园中的一朵小花。虽然"人小言微"，却也有其独特的存在价值。早在19世纪末复制技术以锌板为主的时代，就已经引起了人们的足够重视，并得到广泛应用和不断发展。时至今日，其线条清晰、肯定，印刷方便、经济的优点，使它仍旧具有相当强的生命活力。无论作为速写、插图的一种技法，还是作为设计画稿的表达语言，都很值得画家和设计师们加以悉心研究和认真探讨。

因作者水平所限，本书不当之处难免，敬请专家、同行及广大读者多加指正。

本书的顺利出版，承蒙旅美高级工程师马东侠先生、中国美术学院新校建筑总工程师（高级建筑设计师）王征之先生、旅日画家强勇先生等老师、朋友们的热忱相助，还有中国纺织大学出版社领导的关心及支持，在此一并表示衷心的谢意！

书中的插图除笔者提供之外，其他由强勇、沈立敏老师及周觉敏、马思亮、王建萍等同学所作。

黄元庆　朱　瑾
2001年4月

◆◆◆◆

主要参考文献

1　陈尊三译，[前苏联]A·拉普切夫著《钢笔画》(载《造型艺术》3期)辽宁美术出版社　1981年

2　PEN DRAWING AN ILLVSTRATED TREATISE BY CHARLES D. MAGINNIS

3　罗永进、胡志颖、纪叶、叶平译，[美]哈里·包格曼著《钢笔素描》岭南美术出版社,1992年

4　周家柱著.《建筑速写技法》.华南理工大学出版社,1998年

5　钟训正著.《建筑画环境表现与技法》.中国建筑工业出版社,1985年

目　录

第一章　钢笔画的艺术风格 …………………………………1
　　1. 艺术语言 …………………………………………………2
　　2. 传统线条表现 ……………………………………………2

第二章　用具和材料 …………………………………………5
　　1. 笔 …………………………………………………………6
　　2. 画纸与墨水 ………………………………………………7
　　3. 其它用具 …………………………………………………8

第三章　钢笔线条与技法 ……………………………………9
　　1. 单线与轮廓线 ……………………………………………10
　　2. 钢笔排线 …………………………………………………11
　　3. 线条与肌理质感 …………………………………………18

第四章　调子处理 ……………………………………………23
　　1. 色调表现 …………………………………………………24
　　2. 简化处理 …………………………………………………24
　　3. 虚实及构图 ………………………………………………30
　　4. 表现形式 …………………………………………………34
　　5. 作画步骤 …………………………………………………43

第五章　细部及环境表现 ……………………………………47

第六章　作品赏析 ……………………………………………63

作 者 简 介

黄元庆，1942年9月出生于江苏省常熟市，1964年毕业于南京艺术学院美术系，长期从事艺术设计及教育工作，现为东华大学（原中国纺织大学）艺术设计学院教授。巴黎国际流行色协会中国首任代表，多次赴法国出席年会，1980年出访澳大利亚。艺术设计作品曾获全国评比一等奖及上海市一等奖，1991年被韩国《世界设计》列为卓有成就设计家。上海美术家协会会员，美术作品多次参加全国性大展及上海市美展并获奖，并送国外展出及收藏。建筑风景钢笔画发表于有关报刊。主参编著作有《服装色彩学》、《色彩构成》等十多本并获奖，发表专业文章数十篇。1998年获钱之光教育奖。

朱瑾，1973年8月出生于四川省广元市。1994年毕业于南京建筑工程学院建筑系建筑学专业，工学士。1995年于东南大学进修中国建筑历史与理论方向学位课程。现为东华大学环境艺术系讲师；东华大学艺术设计学专业在职研究生。

第一章 钢笔画的艺术风格

1. 艺术语言

纵观古今中外各种造型艺术的形式语言，无不以形象地再现生活为目的。但是，鉴于每种艺术表现手法的局限性，不可能将客观世界中千变万化的物象"乱真"地作自然主义重现，只能是通过画家或设计师们的观察、提炼，将主要、典型、精髓、本质的印象传达给观众，在局部范围内使大家得到某种程度的满足，从而引导人们去作完整意义的想象。造型艺术中，对于三维空间形态再现功能的重视莫过于雕塑了，但它却抛弃了色彩，我们并不因此而感到不真实。相反，那种肉色的彩绘泥人，与罗丹的杰作《思想者》相比较，反而使人觉得缺少艺术魅力，显得俗气和小气。钢笔画的用黑白或单色表现对象的特点，其缺乏色彩及第三空间的表现手法，甚至比雕塑显得更为局限，但却似乎并不因此而妨碍它同样具备类似的动人之处。

在这种众所公认的艺术原则中，各种绘画表现手法毫无疑问必须作出"扬长避短"的选择。水彩画不必也不可能去追求油画所具有的色调深浓、厚重、丰富之特点，相反，应视充分体现轻快而有韵味的渗化特色为己任，它姓"水"，而不姓其他。那么，钢笔画也理所当然地应该姓"钢"，它的艺术风格是简洁、明了、硬朗、干脆。难怪国外有人将其比喻成艺术"交响乐团"中的高音短笛，能奏出高昂而愉快的曲调来，真是形容得再恰当不过了。

严格地说，钢笔画技法艺术语言的特点只要用两个字即可概括，那就是"简明"，简洁而明快。其本质要领在于节俭，能于省略中将对象真正的面貌生动地提炼出来，所以常被人们称之为"艺术的速写"。国外画家马克西姆·拉拉奈的风景建筑作品，充分体现了这种提示、节俭手法的典型法（见图1）。可是，如果它一旦企图去追求其他画种所具有的多色调精细效果，那就必将失去其独特的个性，显得力不从心及费力不讨好，这种勉为其难的行为显然是不明智的。

2. 传统线条表现

线无疑是钢笔画中最基本的造型原素，当然极为重要。线可以表现物象的外部轮廓和内部结构，也能描绘光影的明暗及不同的深浅色调层次，甚至还可表达出各种物质的质感差异。

在一般人的印象中，线描似乎是东方所特有的造型特征，尤其是中国传统绘画中的"专利"。确实，稍有中国美术史常识的人都知道，唐代绘画大师吴道之的《天王送子图》、北宋画家武崇元的《朝元仙仗图》等一大批名作，全都是用墨线勾勒而成的。其线条遒劲有力，轻重、顿挫有节奏，在运动中显示生命而表现力很强。吴道之的线甚至有"吴家样"之美誉，"吴之笔，其势圆转，而衣服飘举……后辈称之曰'吴带当风'。"（郭若虚《图画见闻志》）对历代绘画的影响极大。另外，古代还有人把线条的描绘分类归纳成十八种方法，称为"十八描"，如游丝描、铁线描、钉头鼠尾描、柳叶描、蕨根描等。当然，中国古代画家所用的画具都是毛笔，它们的笔迹与钢笔画的线条有很大的区别，比较一下西方许多著名画家的钢笔画作品，即可一目了然。如宣称线条就是一切的法国画家安格尔"铁划银勾"的素描作品，西班牙的戈雅、荷兰的伦勃朗、德国的丢勒等大师的速写或手稿。

然而，东方也好，西方也罢，这种用抽象的线条去表现自然形态的轮廓方面，传统手法有其一致性，并非为东方所特有的"专利"，应该说有着"异域同构"的奥妙之处。

其实谁都明白，自然界中本不存在明确的轮廓边线，它不过是物体与物体、物体与背景之间，由于有色彩、空间差异而形成的。人们通常用手势比划出物体的轮廓线来描述其形状，所以使这种"假定性"的轮廓线形式，成了符合人类求简化的习惯性表现物体之技巧。因此，为了省略不必要的色调，使形态免受损害，明确、清晰的轮廓线就显得十分必要了，这在钢笔画技法中则更为突出。

图1

除此以外，作为钢笔画的基本表现手段，当然还有排线及其他线条的技法，以解决物象的光影、色调和质感等问题，都是应该仔细研究和认真学习的。然而，必须指出的是过分地强调物体的实感和色泽，反而会产生不真实感，导致因作品缺少"钢笔画味"而令人生厌（见图2）。

图2

第二章 用具与材料

1. 笔

● 钢　笔

　　古人有"工欲善其事,必先利其器"之说,钢笔画也不例外,当然要选择优良的工具和材料。否则,即使是名家高手,也无法用劣质的钢笔、纸张、墨水创作出一幅优秀的作品来。

● 绘图笔

　　好钢制造的钢笔尖柔韧而精致,可在纸上作任何方向的运动。用笔越是轻快、自由、流畅,自然越能产生优良的效果,这样时轻时重"压笔"画出的线条,就能最大限度地听从作者指挥,去实现画家或设计师的各种创作意念。单就钢笔而言,通常应该备有粗、中、细三支不同号型的蘸水绘图笔尖,这在一幅作品的创作中,往往是非常必要的。其中,中等粗细的笔尖用途料为广泛,可说是"主力"绘具。而过于尖细的笔尖所画出的线条,则容易产生矫揉造作、纤细无力的弊端,这在将原稿作较大幅度缩小印刷时,其缺点尤为突出。有些作者将笔尖挫平磨秃,自行加工成钝粗型钢笔,也可说是行之有效的经验。

　　学员在练习时都会发现崭新的笔尖总是不听话而感到不太顺手,画出的线条显得生硬、滞涩,用旧用熟后才会渐渐"驯服",变得自然、协调、得心应手起来。

　　在购买时可挑选单支的绘图笔尖,也可买有多种笔尖和笔杆组合的盒装绘图笔,如果条件允许的话,拥有几支外国进口笔尖,那就更为理想了,总之,要尽量去选择适合自己的绘图工具。

● 自来水笔

　　即我们平时使用的一般灌装墨水的钢笔,配备一支钢笔,外出写生时在速写本上使用会感到非常方便。其不足之处是笔尖弹性较小,所画出的线条显得单调无变化,缺少表现活力。为此,我们不妨另选弯头的美工笔,它的优点是不但方便,而且线条可粗可细,灵活多变。另外,还有一种配备各类不同口径号型的盒装针管笔,画出的线条很干脆,一样粗细而绝无变化,颇有装饰趣味,但除非是特殊需要,一般较少采用。

● 芦管笔

　　芦管笔是一种古典的传统画具,伦勃朗、梵高等许多大师、画家们都使用过它。这种笔的制作过程并不复杂,将晚秋时分熟透的天然芦苇杆子割下,选取其最坚固的部分,在顶端处削出一斜茬,两侧加工成普通钢笔尖的形状,然后再在中间开一小缝即可。这种笔的特点是弹性足,画出的线条轻快而宽广。与此相类似的还有竹笔等。

● **翅毛管笔**

翅毛管笔也是一种古人常用的笔具。都是选用大鸟类的翅膀或尾翼羽毛为材料制成的画笔。种类有鹅翎、火鸡翎、大雷鸟翎等。这种笔的加工制法与芦苇笔相类似,但技术要求较高,不易做好。优质的翅毛笔尖应富有弹性而灵活自如,线条粗细多变、优美迷人。

● **其他材料制笔**

木棍笔和玻璃棒笔由另类材料制成。木棍笔是将细木棒削尖后,在顶端开一横向储墨水的小槽,头部做成小球体,纵向开一小缝,形状如时下使用的金笔、依金笔尖。玻璃棒笔有一个特殊的顶端作笔尖,可自由流畅地作各个方向画划。但它价格较贵且极易脆损,特别是在蘸墨水时更应注意小心轻缓,避免笔尖与瓶底接触碰撞而遭到损坏。

2．画纸与墨水

● **画　纸**

钢笔画所用的纸张必须是平滑、细密而紧质的,以确保笔尖在上面能自由而流畅地运动,热压纸就属此类优良材料,非常适合各种钢笔画技巧的表现。

印刷用的铜版纸是在普通纸面上压进混有粘合剂的白垩粉而成,很有其特殊的优越性,留下的钢笔笔迹平实均匀,单线和排线都很清晰。另外,还便于用针、刀等工具进行刮削修改。

当然,作为速写而言,普通的复印纸、速写纸也足可应付了。

一般说来,钢笔画忌用冷压的粗纸。在这种纸上作画,由于易被粗粒、疙瘩或纹理所阻挡而"绊倒",难于随心所欲地滑动,经常被迫滞留而导致产生败笔,尤其不利于精细部分的刻画和描绘。当然,根据画面的特殊需要和画家的偏爱,追求诸如断线、飞白等肌理效果,也就不能绝对排除这种纸张及画法的使用。

除了白纸以外,带色的纸过去也被不少画家及设计师所采用。由于各种色纸都有其特定的色调境界,因此有助于不同主题的表达。同时还能相应减弱黑白对比度的刺激,而使画面得到一定程度的缓冲、收拢及调和,冲淡某些松散的不足之感。但是,色纸的明度一般不宜太低,否则将会失去钢笔画明快、爽朗的特色。

- 墨 水

一般选用防水的绘图墨水或碳素墨水即可。

3. 其他用具

备一可调节倾斜度的画桌、或在普通小桌上放置一块制图板，一侧安上相应有分档的支架，以调节合适的角度。为防止墨水在笔尖干结成块，可备些零碎的呢料，以供擦笔时用。

另外，适当备几支毛笔也是必须的，主要功能是涂黑色墨块或给笔尖加墨水用（见图3）。

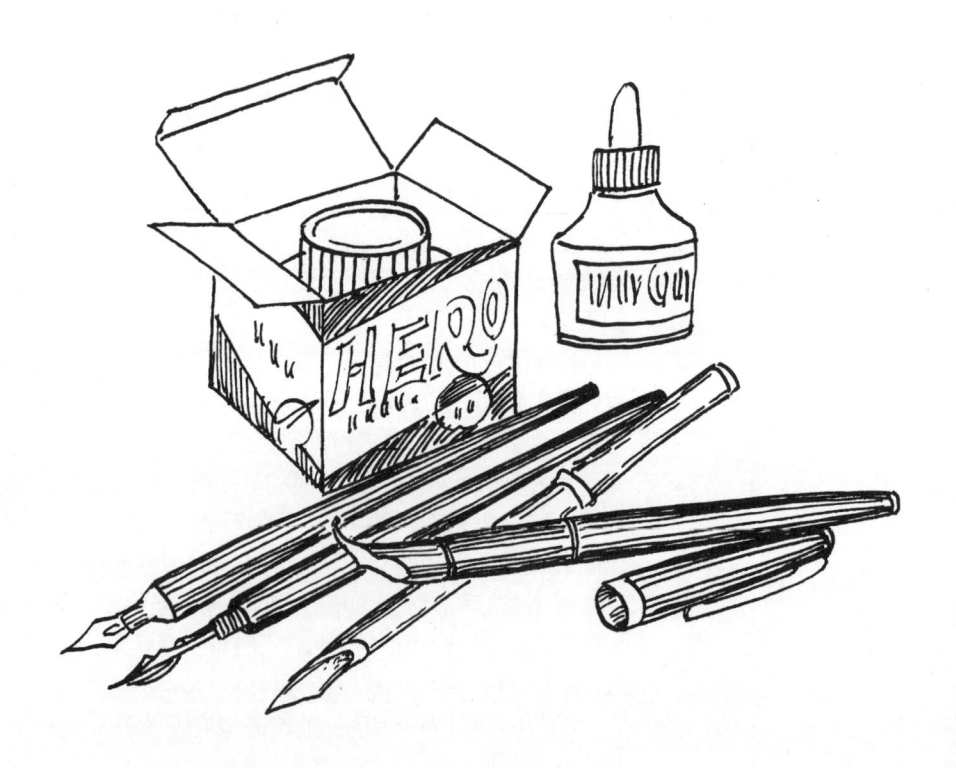

图3

第三章 钢笔线条与技法

1. 单线与轮廓线

● 单　线

　　单线是中国画白描的"灵魂"。钢笔画技巧的基础，无疑也是要求具有质量、感觉优美、下笔肯定的单线。初学者观摩大师们的作品时，往往发现他们大多采用的是不拘一格的自由线条，就误以为都是在漫不经心中信手拈来的。殊不知他们无不经过长期刻苦磨练，才能做到如此寓巧以拙的。虽然欣赏钢笔画优秀作品时的感觉非常酣畅、爽快，但实际作画的技巧却并不轻松、容易，只有在作出了大量的艰苦练习，努力掌握精湛的技艺后，钢笔尖才能准确无误地服从手脑的指挥。

　　线是造型艺术中最重要的原素之一，它们看似单纯，其实千变万化，不仅能勾勒确定形体的轮廓、结构，也可在一定程度上表现色调、明暗、体积甚至质感，我们绝不能简单、教条地去加以处理。

　　单线的种类很多，大致可分为直线、曲线、不规则线等。直线有水平、垂直、斜向之分，它们组合成各种折线。曲线有几何及自由之分，几何曲线用圆规、曲线板等绘具画成，感觉较为理性。自由曲线和不规则线则往往是徒手画成，随意性、偶然性大，感觉富有个性而充满人情味（见图4）。

水平线　　　　　　　垂直线　　　　　　　斜向线

几何曲线　　　　　　自由曲线　　　　　　徒手线

图4

● 轮廓线

　　轮廓线条在钢笔画中的重要性是不言而喻的，有时不作其他处理，仅靠它们就可表达建筑或树木的形态结构乃至质感（见图5）。但是，对于学员而言，用钢笔的绘画语言来处理物体轮廓线条，却总感到十分困难。一般来说，描绘那些比较肯定的建筑物等对象外形时问题尚不大，在处理树、水、云等那些轮廓模糊、飘忽不定的形象时，才真正碰到了难题而会显得束手无策，往往不知从何下手。有的画成剪影式的边线而缺少三维空间感，有的则勾画成铁丝框式的线条，使人觉得毫无生气而索然无味。

　　毫无疑问，在速写性的作品中，轮廓线必须流畅、清晰、生动（见图6）。但是，在有些场合，若使用连续线条去表达古老、残旧建筑物的话，则对象所特有的质感将被破坏无遗。这时，我们必须使用断续线条、毛糙线条，有些部位甚至还要考虑使用省略的手法，给人们留有各种想像余地，以便提示出光、空间和质感的存在（见图7、8）。

2．钢笔排线

　　线的移动或排列则组成面。直排线表达平面，曲排线可表达曲面。所以，我们除了认识单线外，还要研究排线。每个学员几乎都有过学习素描练习铅

图5

第三章 钢笔线条与技法

图 6

图 7

第三章　钢笔线条与技法

图8

笔排线的经验，因为这是造型基础中的基础。用各种排线交叉组成所谓橄榄形线网，或反复叠加的篱笆形线网等。叠加的次数越多，铅笔留痕越浓重，深深浅浅，以此来表达对象丰富的明暗色调层次。这种手法由于缺少变化，相对比较刻板，单调，显得有些陈旧过时了。另外，交叉网线在一定程度上会阻滞视觉流向，有损运动感的表达。当然，这种老式的技法至今仍有人在继续使用，那就只不过是作为一种传统的绘画手段而存在于世罢了。

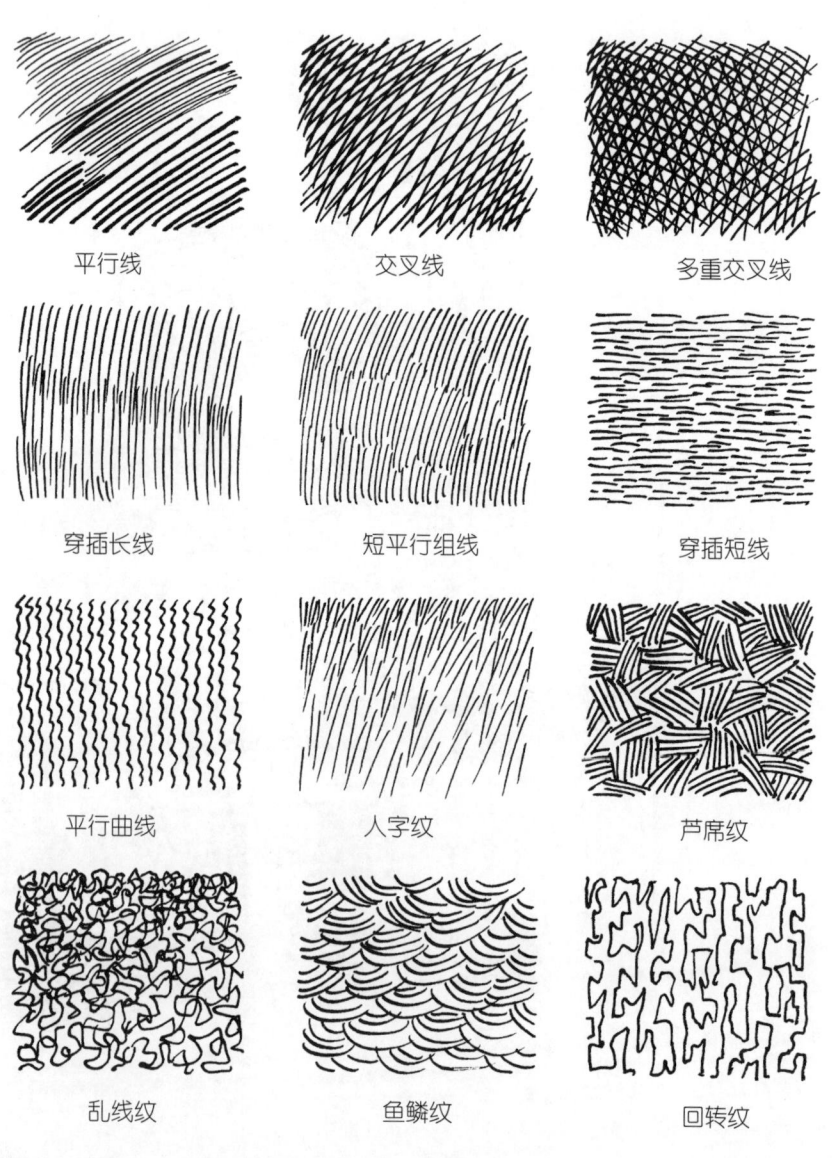

平行线	交叉线	多重交叉线
穿插长线	短平行组线	穿插短线
平行曲线	人字纹	芦席纹
乱线纹	鱼鳞纹	回转纹

图9

而现代画家则更多地创造了许多不同粗细、方向、形态、肌理的线条,排列、组合成"鱼鳞纹"、"平行线"、"回转纹"、"乱线纹"、"交叉线"、"芦席纹"、"人字纹"等线组,用来表达墙壁、屋顶、石块、云朵、树木、花草等不同物象的各种质感,取得了良好的视觉效果(见图9)。

如图 10 所示是用交叉网线表现的一个门洞,光感很充分、强烈、阴影部分显得浓深而幽静,应该说也是很有效的。但图 11 中的平行线纹则效果更佳,感觉尤为灵活。

如图 12 所示则完全没有应用交叉线条,特别是墙壁和街面的阴影部分,都用了中间粗、两头细的线条,随意、自然地互相插入,准确、生动地表现了特定的空间感和质感。图 13 所描绘的意大利水乡风景,河面及倒影也都用了这类线条,其效果有异曲同工之妙。

观赏世界油画大师梵高的钢笔画作品,其粗细不尽相同的钢笔排线与他的油画笔触一样,给人以类似的激动人心之感,在飞旋、疏密对比变化中产生出一种狂放不羁的律动。因此,他很少运用交叉排线,目的就是防止由于线的交叉,而损害了对他的画面来说极为重要的气韵生动性和强烈运动感。如《阿尔莱的咖啡店》这幅有名的钢笔素描,他就是用芦苇笔画出的断续排线完成的。其间,不但区别了人群、路面、遮阳篷、桌凳、天空等不同物象的色彩及质感,甚至还把咖啡店明亮的灯光也巧妙地表达出来了(见图14)。

俄罗斯版画家法沃尔斯基的风格与梵高迥然相异,他在插图作品《我们古代的首都》中,运用了几乎一样粗细短而平行的排线,充分表现了木结构建筑的质感和色彩(图15)。而笔者所画西班牙传统建筑速写《圣家族大教堂》,则基本上都选用了垂直方向的排线,同样也合适地表现了哥特式教堂细长尖顶、高耸入云的造型特点,笔法力求简练而确切,富有韵律,给人以轻松、明快的视觉感受(见图16)。

图 10   图 11

第三章 钢笔线条与技法

图12

第三章　钢笔线条与技法

图 13

图 14

图 15

由此，我们从名家那里学到很多宝贵的经验，但其中最主要的就是切忌公式化、程式化地运用线条，面对错综复杂、变化多端的种种物象，力求做到法随物变、见机行事，避免简单地生搬硬套别人的现成技法。

3. 线条与肌理质感

大自然的物象千变万化，其肌理及材质感也迥然相异，诸如玻璃的光滑、透明，木材的质朴、自然，石块的厚实、粗糙，茅草树丛的蓬松、柔软等不胜枚举。我们都必须因物而异、区别对待，应选用不同的钢笔画"语言"去精心加以表达，绝非单一的排线所能应付、胜任的。

英国画家坎普培尔先生的作品中，运用短而不规则的线条恰如其分地表达出了古老石块、石屋的质地感觉，可说是非常优秀的范例。另一位画家雷尔顿先生的速写《旧教堂一角》中，所残旧建筑的视觉效果更是描绘得爽朗而悦目，在这里我们似乎还感受到了空气的颤动（见图17）。图18为笔者所作的古民居写生，出现了断墙、残壁、杂草，也是在努力追求那种由不同质感物所集成的特有氛围。至于旅日画家强勇先生则应用较为工整、严谨的线条，去表现日本式样庭园幽静、典雅的情调，无疑处理得十分完美和得体（见图19）。俄罗斯风景画艺术大师希施金的钢笔素描里，用剪影方式描写的树林，明显地使用了压笔，将树冠的结构表达得疏密有致、婆娑起舞，充满了勃勃生机（见图20）。

第三章　钢笔线条与技法

图16

图18

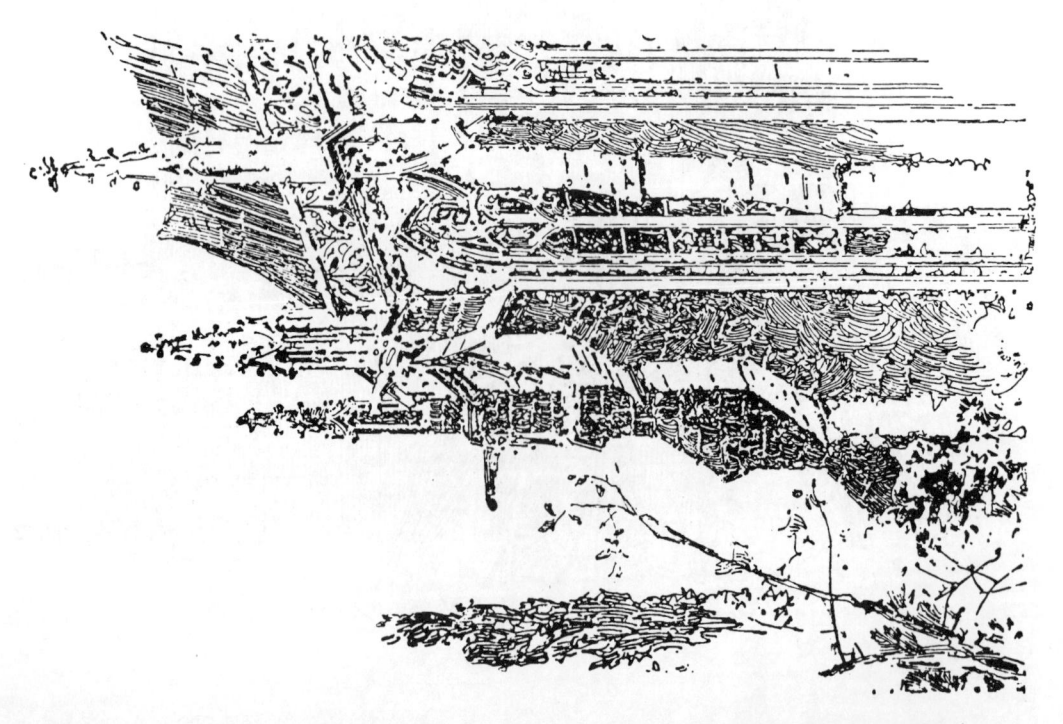

图17

第三章　钢笔线条与技法

第三章 钢笔线条与技法

第四章 调子处理

1. 色调表现

  尽管自然界的万物各有其不同的固有色彩，在光线照射下色调层次更是显得无限丰富、多变。但是，当我们面对这些，用钢笔来描绘、表达时，千万不能为它们所迷惑和动心，而要切记恪守钢笔画的"戒律"："必须省略大块光亮面的色调。"
  一般而言，在画面上安排黑、半色调、白三种层次调子即可，其效果犹如版画中的木刻手法应用。这种人为的适当调节，不会因此而损害物体本质，反倒是钢笔画的以少胜多、留有想像余地的艺术魅力所在。如前所述，那些试图用钢笔去表达过于精致、微小、细腻色调层次的行为，无疑是违反"戒律"的勉为其难，是不可能、不必要、也是不明智的。
  在笔者的作品《交通大学校门》中，色调的布局、安排基本按此原则处理，将中间的大门表现得最深，与天空的白色作强烈的对比，其他部分都作中间状态的"灰"色处理（见图21）。图22是美国钢笔画家哈里·包格曼凭记忆所画的一幅夜景小品，同样是这方面的成功之作。
  笔者另一幅在上海虹口所画的名人街速写《冬日庭园小景》中，也作了这类尝试。将右面的大树、中间树丛及人物处理成较深调子，带有固有红色的屋顶、墙的背光部分及灌木丛、杂草等，均作为中间色调，其余都是大片留白（见图23）。

2. 简化处理

  钢笔画技法中的另一个要点是相对不要强调表现对象的固有色问题。如图24摄影照片所示是一个古民居建筑荒园的镜头，园中具有地方特色的风火墙高高耸立，树木葱茏而又杂草丛生，受光的墙壁经百年风雨销蚀后，实际已呈浅灰色，如硬搬照抄这种很淡的色调，使用较大面积的灰调子，势必将会使画面效果受到严重的影响和干扰，必然事倍功半地损害其阳光明媚的感觉。所以处理时几乎都是留白，仅在斑驳处画上一些笔触，以示历史岁月留下的痕迹。相对而言，草叶的固有绿色甚至比墙面更深些，这里受光部分也只能略勾轮廓，暗部稍加阴影，以便总体上组成一个比树木浅而比墙面深的中间调子。如在草丛上再加一层排线以示绿色，那么，画面爽快、利索的感觉必将丧失殆尽（见图25）。
  如图26所示，是一座城市现代建筑大剧院的照片，与图27钢笔画成的画面相对照，可看出其处理方法及效果，与上述实例基本相同。

第四章 调子处理

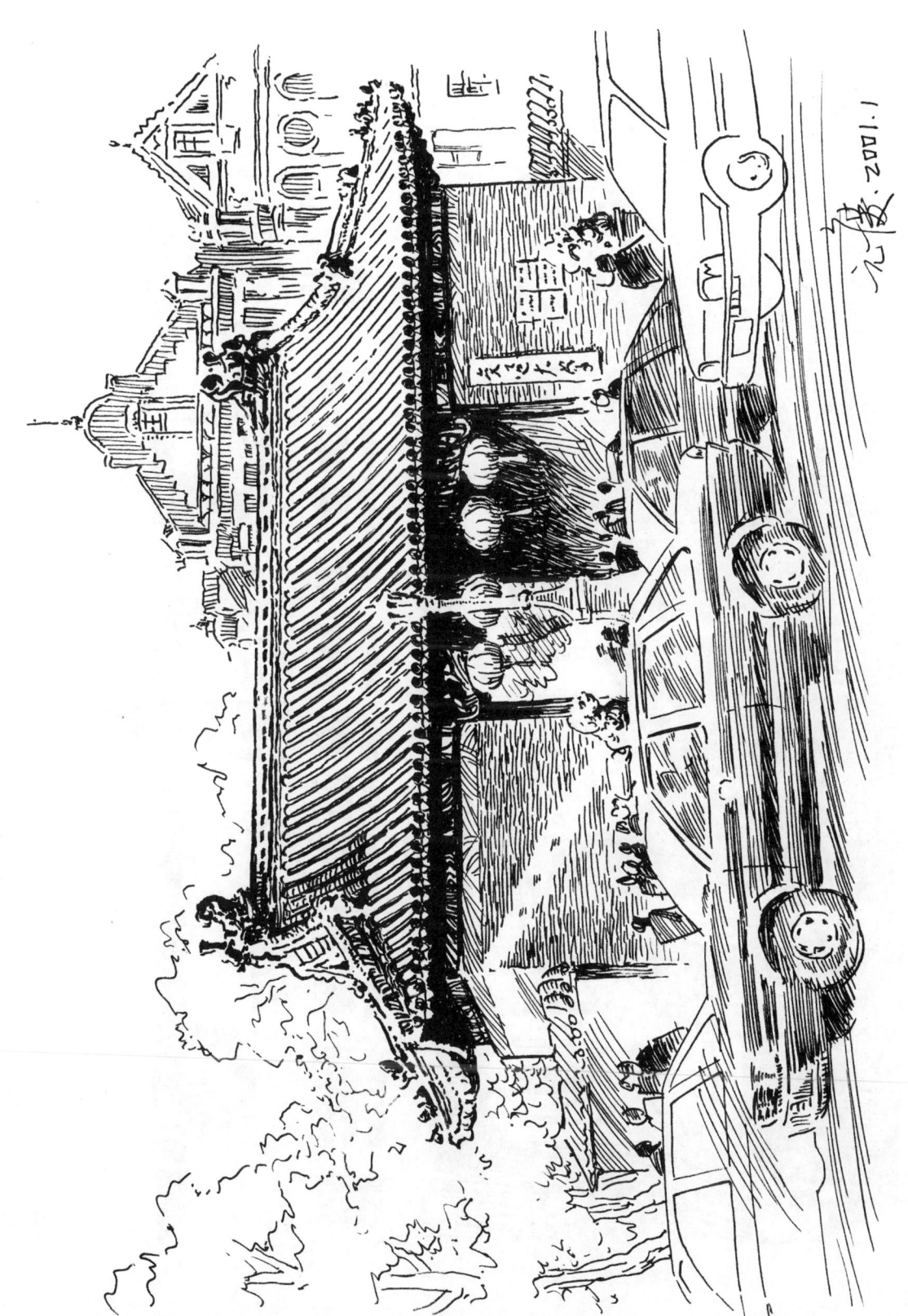

第四章 调子处理

第四章 调子处理

图23

图 24

图 25

第四章 调子处理

图 26

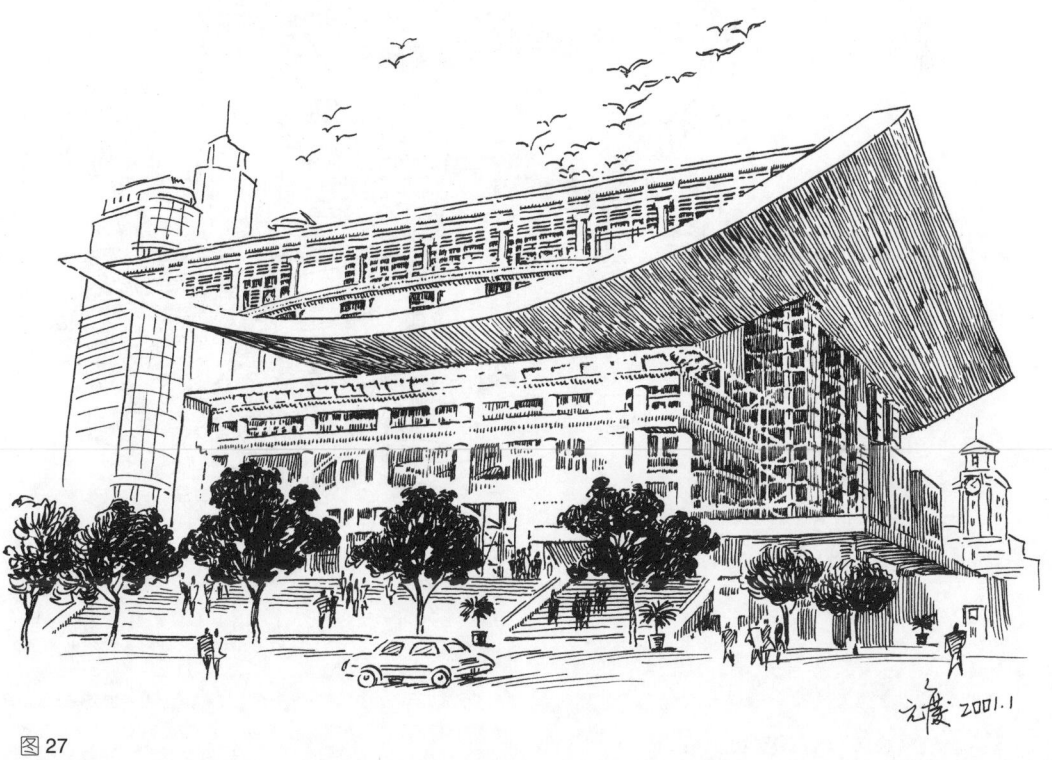

图 27

3. 虚实及构图

　　当我们面对某座建筑物为中心的街道作实景写生时,往往会发现处于近景的其他建筑,却可能有着最强烈的明暗对比,如果不作取舍,机械地、自然主义地照相式实录下来,必将影响我们的注意力,使目光从中心分散开去。画面会显得凌乱不堪,花杂而主次不分,中心重点无法突出。

　　所以,我们一定要在将中心建筑物及相邻周围的形象色调记录下来之时,把边缘部分作忽视、省略处理,有些物体太深的色调作适当减浅,有的则甚至干脆取消。这多少有些像照片放大时的"白化"处理,周边四角逐渐淡出乃至空白。其目的只有一个,即让观者的目光和注意力引导、聚焦至画面的重点、主体上来(见图28、29)。

图28

第四章 调子处理

第四章 调子处理

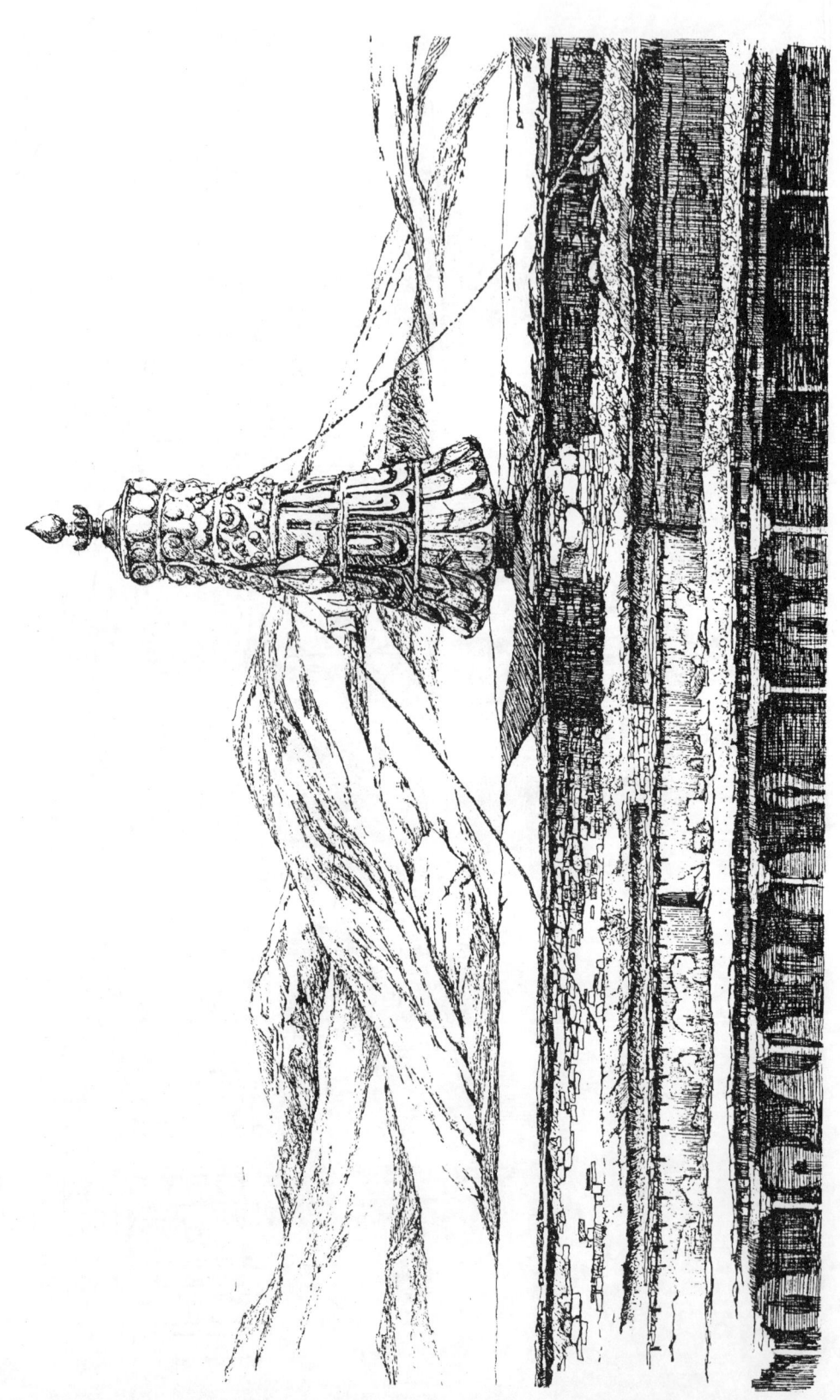

当然，这里所说的中心，并非一律都要设在正中位置上，这样很可能显得比较呆板、乏味。通常按传统构图形式的较好处理，有"井"字形、"之"字形、三角形、平行式等法则。

所谓"井"字形构图，即将画面上下、左右各分成三等分，用直线划出一个井字来。画面主体置于四个交叉点上的任何一处，这种构图形式均有一种活泼、多变、丰富的特点。并且，3∶6 的比例接近 3∶5 的黄金比例简约数，更给人一种典雅、稳重之美感（见图30）。

图31

"之"字形构图则是将主体或一主一次重点物体置于之字形的两个转折点上,这样可使画面增加一种纵深的空间感及运动的节奏感(见图31)。

　　三角形构图富有稳定、庄重感(见图32)。

　　平行式构图则有视野开阔、层次分明感(见图33)。

　　不过,实际生活中的建筑、风景变化万千,不可能都用现成的什么公式去套用,而应采用随机应变的灵活手法,加以创造性地利用和开发,才能获得出其不意而又富美感的新颖构图形式。

4．表现形式

● 单线画法

　　一种只用线条而不施明暗、调子、肌理排线的表现形式,这类钢笔建筑风景画作品十分常见。其特点是感觉简洁、明快、轻松,形象结构肯定、明确。技法初看似乎异常简单、容易、信手拈来即可,实际却并非如此。画什么线?省略什么线?怎样画?这些都应根据不同对象的造型特征,事先加以充分考虑,作出周密的安排,才有可能获得成功。

　　这种以单线处理画面的形式,除了针管笔的线条基本均匀不变外(见图34),其余钢笔画出的笔痕均有粗细之分。或轻重缓急、抑扬顿挫或曲直长

图32

图33

短、刚柔并济，不同的运笔均有助于对客观物象空间质感、情调意境的表达（见图35）。

另外，线条组织安排的疏散、紧密，对于画面对象的主次处理、空间层次前后相互衬托的表现，同样也是十分重要的。中国画白描中"疏能跑马，密不可插针"的画诀、非常形象，虽然多少有些夸张，却还是值得我们借鉴的（见图36）。

当然，这种比较单纯、轻巧、清秀的表现形式，也有其不足之处，很可能因为作者表现功力的不足，而导致所绘物体仅有空洞的框架。另外，由于缺少明暗对比变化，画面还可能显得平板而不够丰富且视感较弱，尤其是面对那些深沉、雄伟、古老的建筑题材时，往往会感到力不从心或意犹未尽。

● 明暗画法

建筑、风景乃至一切物体，在光线的照射下，无不显得形体结构清晰可辨，明暗对比强烈，感觉立体、生动、丰富、响亮，其画面效果当然是单线表现形式所无法企求的。

阴影在明暗画法中起着至关重要的作用。在光线的照射下，物体的阴面（即背光面）与受光部分形成强烈的明暗对比。特别是处于画面中心位置的重要景物，通常更要采取加强黑白对比，拉大明暗反差的手法，以达到突出

第四章 调子处理

重点、吸引观众视线给人留下深刻印象之目的。因此,尽量减弱或省略中间层次色调,集中精力安排、处理好物体明暗交界线的形态、结构,是这种画法的注意要点(见图37)。

另外,投影在画面上的作用,同样不可置疑,也要引起我们的足够重视。随着光照角度的变化,投影的边缘往往形成斜向或多变的线形,这会给以纵、横直线架构为主的建筑物景观,平添不少的生动感和活泼感,同时也更有助于画面空间感和深度感的表现(见图38)。

图 34

第四章 调子处理

图 35

图 36

第四章 调子处理

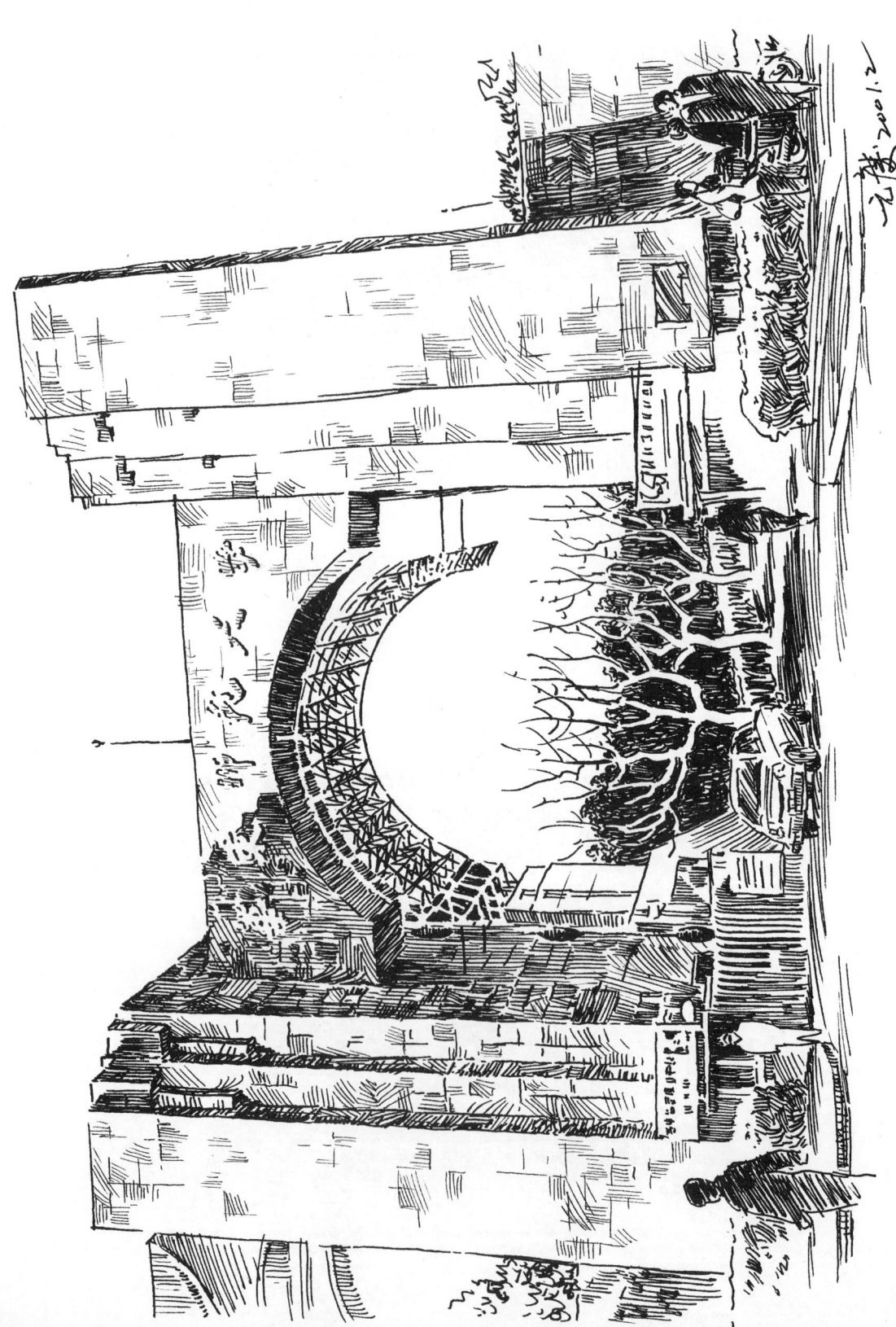

第四章 调子处理

图38

第四章 调子处理

　　值得注意的是无论运用平行的排线还是扇形、鱼鳞形等线组，在铺排阴影块面时，一定注意不能涂得太满、太闷、太死。若在反光较强的部分适当留些空白小线、小点，会使浓深的阴影产生一种空气的透明感。如前所述图12画家吕果先生所作的那幅街景，由于在墙壁和街面阴影部分都使用了留有稍许空白、相互插入的线组，有效地提示、表达了户外物体充满阳光的空气质感。

图39

当然，我们面对实物在现场进行写生、记录时都会有这样的经验，往往由于受到时间条件的限制，不允许在画面上作过多的明暗及阴影刻画。因此，这种形式的画法，一般更多地适合在室内案头工作时应用。即便如此，也要注意防止脱离了对象作过于从容的精描细画及层层叠加。因为这样很容易产生刻板、粘腻的弊病，从而使画面缺少钢笔画所特有的生动灵气。

● 单线与明暗结合画法

为了防止由于我们将精力、时间过多地倾注在对象的明暗、阴影描画上，反而忽视了对结构、形态特征的刻画。最好是将单线描绘与明暗表现的形式结合起来，以线为主，适当加些明暗调子为佳。这种线面结合的画法，兼有了上述两者之优点，既很好地完成了表现对象轮廓、结构特征的首要使命，同时又有了锦上添花的效果，比单纯的线描更显得灵活、生动、丰富，尤其有利于优化画面主次、虚实、层次的表达，从而较能广泛适应对变幻无穷客观万象的表现（见图 39、40、41、42、43）。

图 40

第四章 调子处理

图 41

图 42

5. 作画步骤

有人提出在作画时无需先用铅笔勾成轮廓初稿，而是主张直接用钢笔一挥而就。能有如此本领当然很好，因为这样画出的作品，感觉肯定比较奔放、生动、自然，甚至可能还有不少神来之笔。

但是，对于初学者来说，由于技法不够熟练和缺少经验，如此写生要冒不小的风险。特别是建筑物及空间的透视线条有着很强的规律性和方向性，假若信手画歪了几根，画面将会出现"矛盾"空间，甚至产生近小远大的错误，感觉必然别扭而不真实。加上钢笔画落笔算数很难修改，到时也许会出现不可收拾的窘境而导致前功尽弃。因此，对于初学者，我们还是认为提倡先用铅笔勾稿后再逐步深入进行为好。

● 构图阶段

面对要表现的对象，我们不要急于下笔。首先应从不同角度仔细地加以观察，对它们的造型特征、光阴变化及情趣所在心中基本有数后，才能接着开始考虑构图的布局和气势。并且，特别要注意视平线在画面高低位置的选择，因为这对作品的整体面貌有着举足轻重的影响。

如图 44 所示为一座街头即将竣工的多层建筑物。我们首先将视平线作适当压低，以利显示它的雄伟和高大，然后采取三角形构图作成角透视处理，使转角处颇具特色的柱形楼突出于画面的最前端，与街道线相平行的主屋顶屋檐组成构图的主线条，旁边的树丛集中在街道线与屋檐的焦点附近。

● 勾稿阶段

我们将这些主体景物的骨架线轻轻地用铅笔勾出，同时画好建筑物、陪衬物的结构轮廓，对局部有造型特点的细节作描写时，铅笔线不宜勾得过于细致，而要进行适当的取舍和省略。

在此基础上，再用钢笔将大体基本结构轮廓线肯定地"建构"起来，同时注意其间透视及相互的比例关系（见图 45）。

● 深入阶段

我们接着考虑明暗光影与色调的安排，这需要运用阳光来辅助表达结构，很自然地将一面加上阴影，与受光面形成对比，强调其光亮效果。为了突出主题和重点，着意将近前的圆柱形楼顶及大门门厅的阴影色泽画得比较浓深，相反把挡在大厦前景的旧建筑深色屋顶加以淡化处理。为了防止出现单调之感，深色又在一组窗户上作出重复和呼应。处于中间及边缘的树木限止在"中灰"的明度上，避免由于色泽太深，对比太强而喧宾夺主，以致减弱了对立建筑物的吸引力。

第四章 调子处理

第四章 调子处理

另外,为了使透视线不显过于单调,在前景添加了几个行人,这样,长长的街道边线被打断后,使静止的画面增添了活跃、生动的气氛(见图46)。

图 44

图 45

第四章 调子处理

第五章 细部及环境表现

第五章 细部及环境表现

　　建筑细部对于我们来说也是十分重要的,诸如门、窗、屋顶、墙壁等,乃至室内的一些陈设,都有助于主体题材的完整处理。当然,我们也不能过分地注重细节,避免因此而忽略了整个建筑物的大体全貌,产生因小失大的弊病。

　　另外,出现在画面中的树木、花草,尽管都是些"配角",却起着装饰、烘托主体建筑物的作用。在它们的映掩下,使较为理性的建筑物避免了枯燥乏味的机械之感,而显得生机蓬勃、丰富多彩,造成美丽、有趣的环境效果。但是,自然界的附加物毕竟是陪衬而已,切忌在画面中喧宾夺主。因此,最终的效果必须是表现"带有风景的建筑物",而不是"带有建筑物的风景画"(见图47~67)。

图47

第五章 细部及环境表现

图48

图49

第五章　细部及环境表现

第五章　细部及环境表现

图 51

51

第五章 细部及环境表现

图 52

图 53

第五章　细部及环境表现

第五章 细部及环境表现

图 55

图 57

图 56

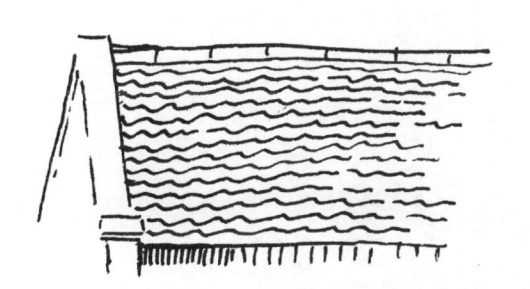

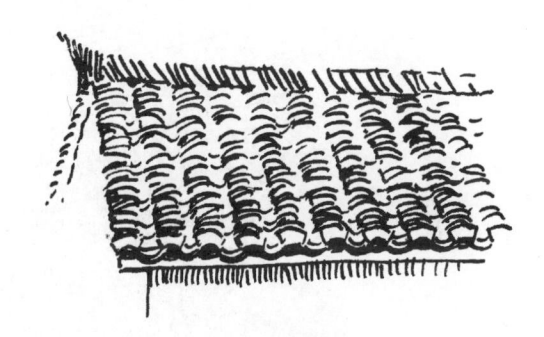

第五章　细部及环境表现

图58

55

图 59

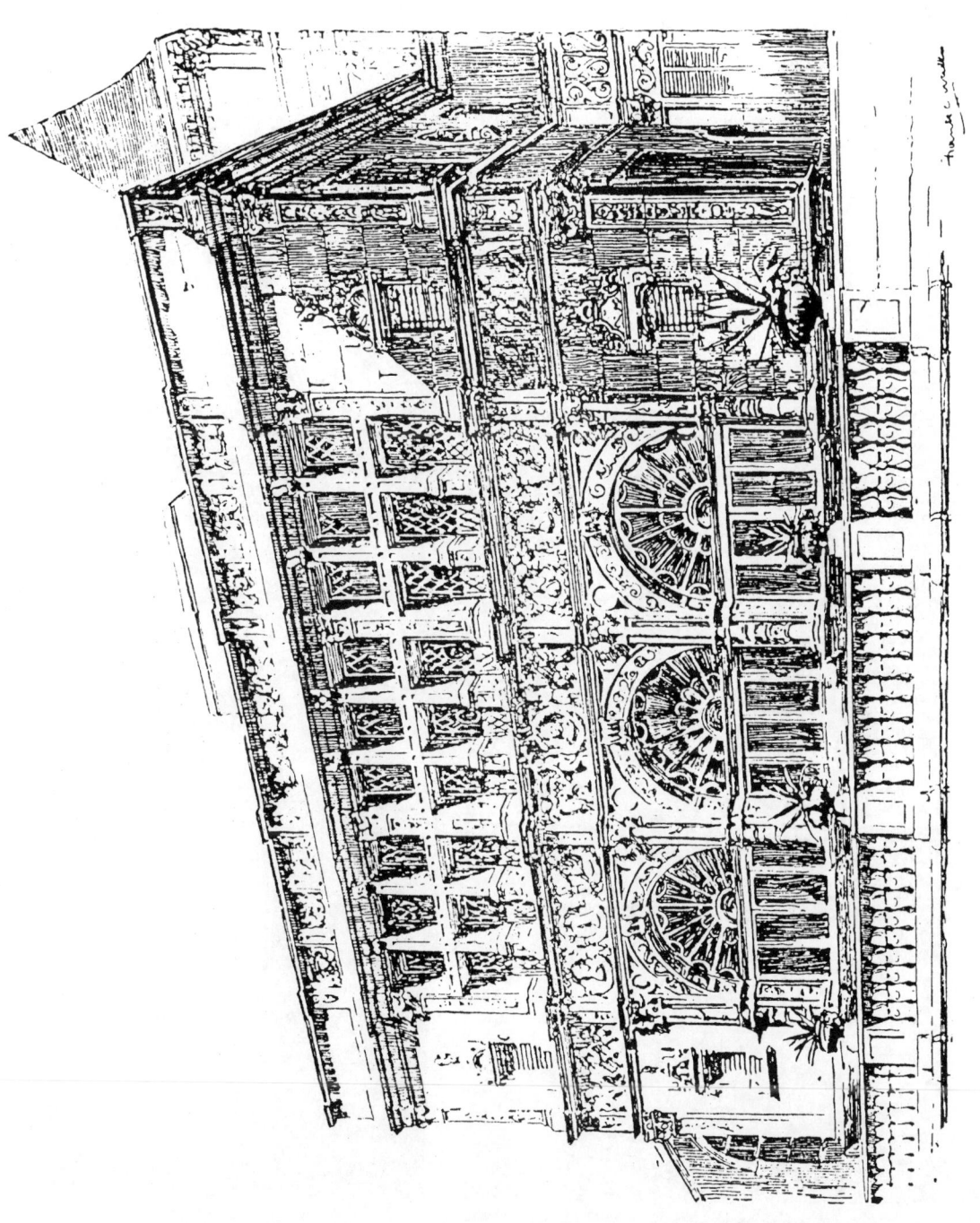

第五章 细部及环境表现

图60

第五章　细部及环境表现

图 61

第五章 细部及环境表现

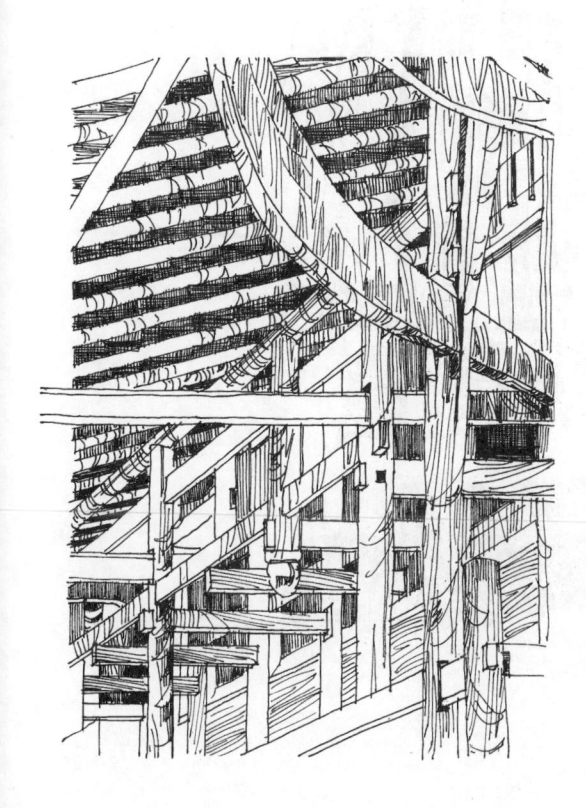

图 62

图 63

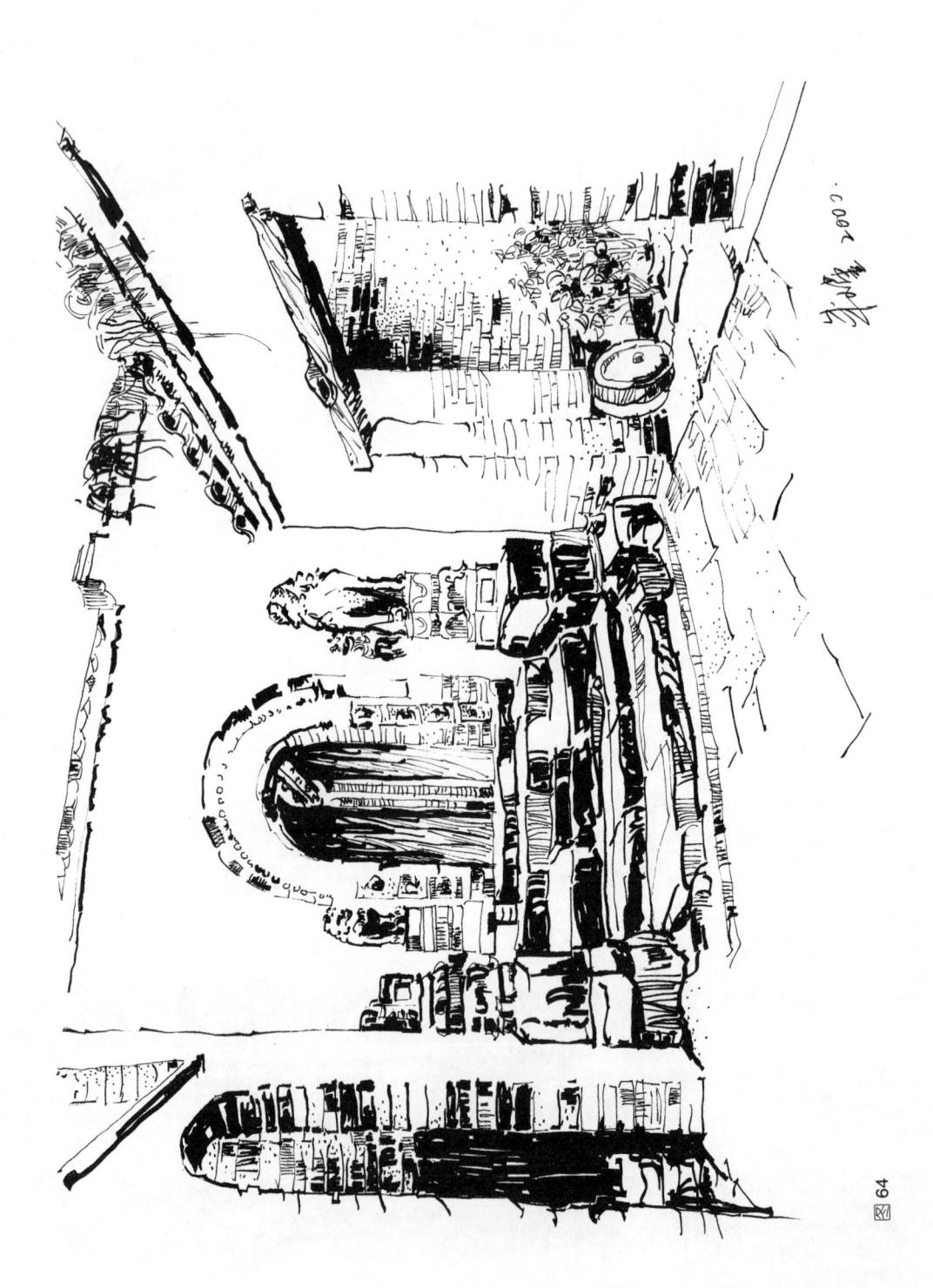

第五章　细部及环境表现

第五章 细部及环境表现

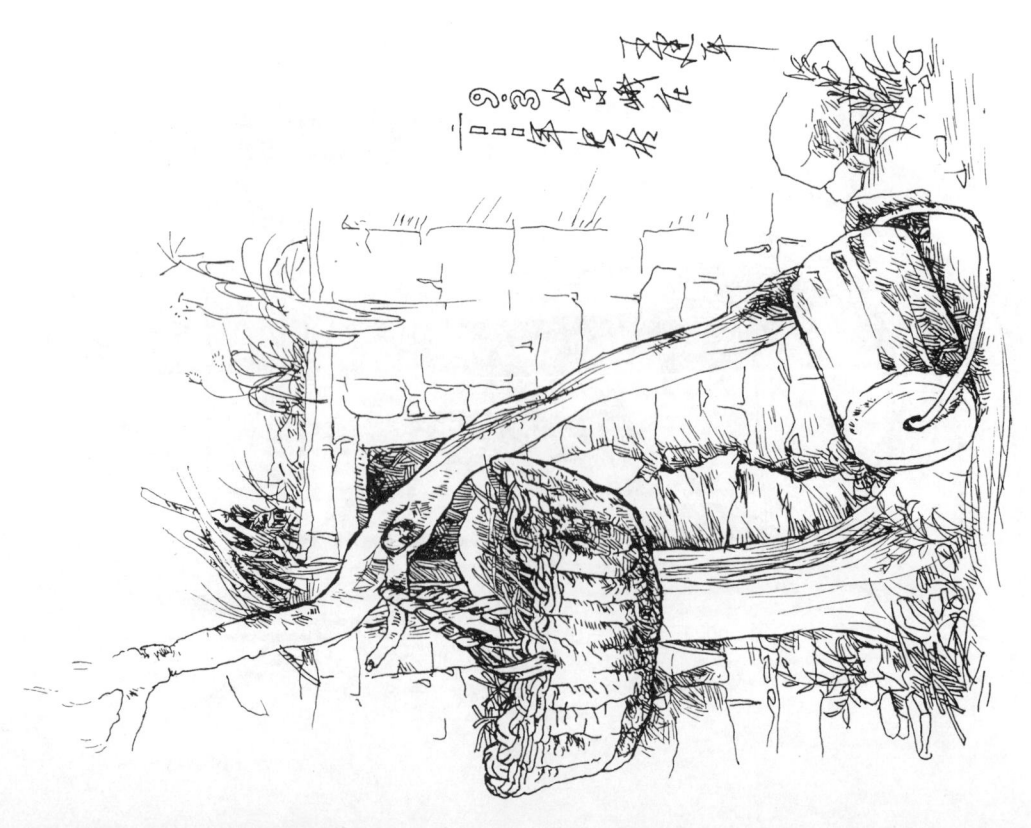

第五章 细部及环境表现

第六章 作品赏析

第六章 作品赏析

图 68

雅典卫城的帕提农神庙，四周围城型制隆重，东西图2墙是既定主入口，比例匀称的陶立克柱式硬朗而有活力，与粗细线条结合的奔放笔触表现的大片石墙、山体之间，形成了光影和形体之间的强烈对比。

第六章 作品赏析

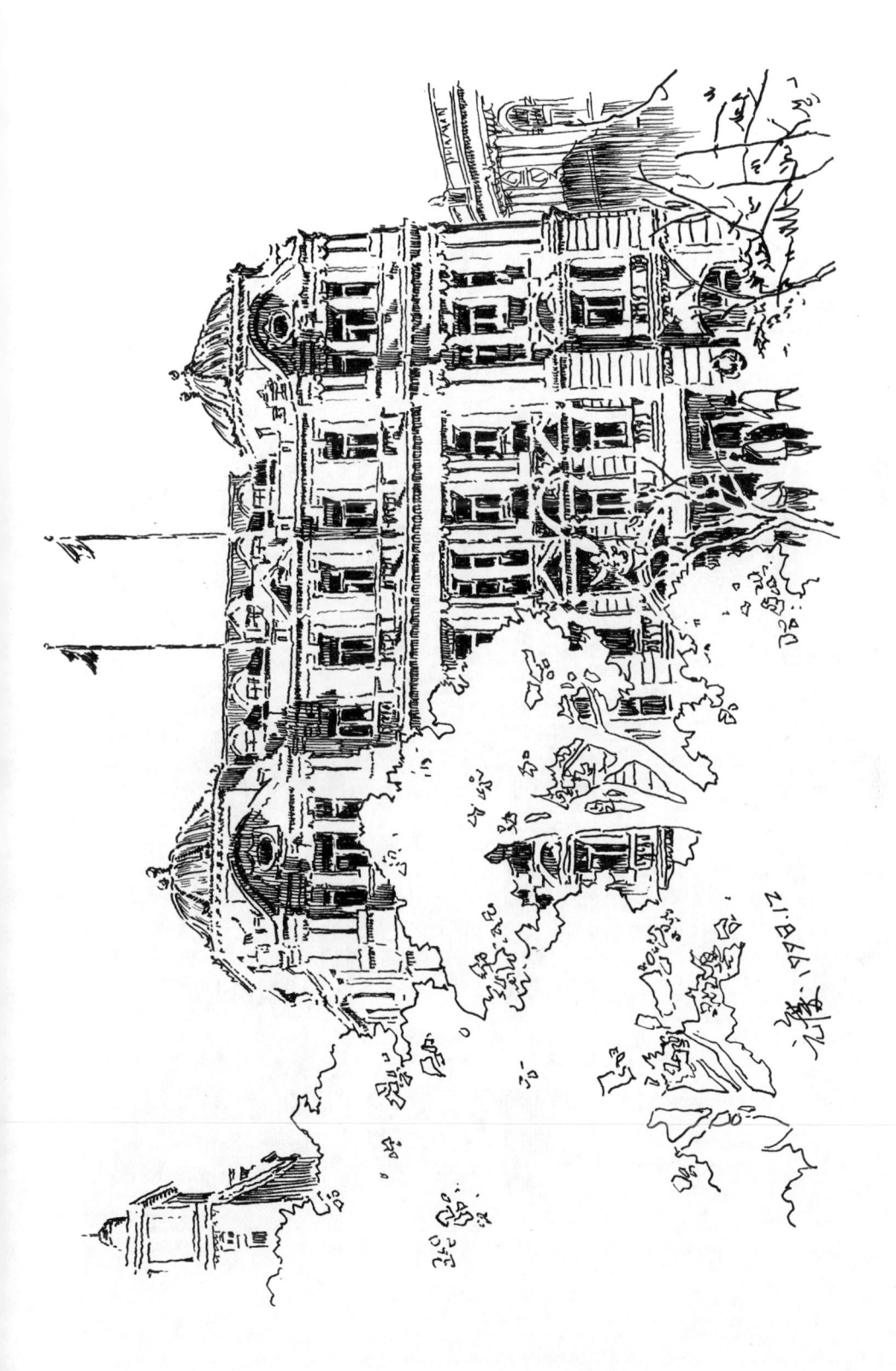

图 69

外滩素有万国建筑博物馆之称,旧式楼宇密集的窗户与复杂的结构线条形成了深灰色的调子,与左下角单线勾出的树冠形成鲜明的虚实对比,别有一番情趣。

第六章 作品赏析

图70

上海虹口区多伦路名人老街一角，短横线条描写的老电影院咖啡馆右侧拱门深色入口为兴趣中心。门口熙攘的人群，使人感受到30年代的怀旧情调。

图71

象征天圆地方的上海历史博物馆，用短排线及席纹线表现，与动感的树丛、风起而涌的白云形成了动与静、轻与重的对比情趣。

第六章 作品赏析

图72

　　海派典型建筑石库门屋群的侧门小景，裸砖砌成的墙面上适当留了些空白，不规则的斑驳显露出历史沧桑的陈旧感，与路边生机蓬勃的花草、空中自由飞翔的鸟儿形成有趣的对照。

第六章 作品赏析

图 73

用精细笔法刻画的上海浦东金茂大厦直插云霄，它形似我国古建筑宝塔的造型，在阳光的照耀下闪闪发光，在行云的衬托下巍然而立。

图 74
　　笔法流畅快捷、轻松自如而不拘泥于细部,适合表现现代理性的几何形建筑风格,幕墙玻璃上的深色阴影及简洁的暗部处理,更加强了大型建筑的重量感。

图 75
　　苏州河上高大现代建筑物及座座桥梁的雄姿及水中倒影,有助于画面空间层次感和不同质感的加强。成群的海鸥在上空飞翔,更是增添了大都市生活中的自然情趣和无限活力。

第六章 作品赏析

图76

画面左侧具有民族形式的柱灯作为近景，地面用平行排线表现的块面图案，有助于加强空间、透视、深远之感，从而使中远景的仿古建筑群体显得更为恢宏、壮观。

图 77

此图为常见的上海里弄一景,画面中心处刻画出少量的暗部细节与光线变化,使空间有了较多的不同层次,显得复杂、幽深。地面用互相插入的短线进行处理,以表现古旧而洁净的特点。

第六章 作品赏析

图 78

　　山中别墅的石质围墙用短排线组表现,茂密的树冠则用自由曲线画成,用笔较为洒脱、流畅,由此形成了鲜明的质感对比。门口石柱后面的树荫处理成最深色调重点,使画面更显集中、紧凑。

图 79

悉尼歌剧院为世人所熟悉的现代著名建筑，作品中除了帆状曲面屋顶画出大片空白外，天空、远景城市建筑、近景花草及剧院台阶等周边形态，都用了密集的线条，形成疏密相衬、对比强烈的效果，以求表现主题建筑群体大气和恢宏之势。

图 80

沂濛山区的拱桥下，树木葱茏而山溪淙淙流淌，鸭群在水面自由浮动，作者力图用速写式的自由随意笔触，来表现这种田园牧歌式的自然风光。

第六章 作品赏析

图 81

　　街头的现代抽象雕塑用席纹排线画成浓重的色调，与速写性的商业大厦背景之间，形成了虚实对比、主次明确的强烈印象。

第六章 作品赏析

图 82

外滩古老的天文台与浦东新建筑东方明珠塔遥相呼应,以较轻松的笔触、明快的色调,表现了清江两岸尽朝晖、宽敞宜人的都市风情。

第六章 作品赏析

图 83

用断续的线条和席纹排线描绘山间石质小屋和路面的质感,显得比较朴分,恰当。石侧的人物虽然为数不多,却打破了山区特有的宁静气氛,使画面增添了动感与活力。

图 84

石质古堡上的气眼,右下角前景的柴草,墙面上的大片空白,集合了点、线、面的造型元素,给速写增添了丰富多彩的效果。石块的短线与柴草的长线处理,又使不同质感形成了鲜明的对比,更显生动有趣。

第六章 作品赏析

图 85
　　画面表现的是印度新德里莲花塔,其创意虽然因形似悉尼的水上歌剧院而颇有争议。但作品中用传统的交叉线条,以强烈的明暗对比,去体现这座现代建筑雄伟高大、立体感强的特点,还是获得了较好的效果。

图 86
　　大都市的空间绿地显得特别宝贵,它是人们活动、休闲的好去处,草地、树木、长椅都用了明暗画法,表现出不同的色调层次,而远处背景的林立高楼,则用单线加以描绘,力求体现一种虚实对比和空间开阔感。

第六章 作品赏析

图87
　　错落有致高高耸立的品字形马头封火墙，黑白分明而稳重大方，用较挺直的线条加以表现，与门体斑驳的短线、门口柴草的曲线形成质地和形态的对比，庭院中的棕榈树叶加重色调，作为一个视觉中心的注目点。

图88
　　作品中的建筑物结构比较复杂多变，屋面用密集的线条组成一个中间调子，浅色的墙面和深暗的门窗形成强烈的明度对比。飞驰而过的汽车打破了画面的沉稳气氛，带来一些生动之感。

第六章 作品赏析

图 89

图中闻名于世的印度泰姬陵,由于拱门投影的衬托,主体陵园及陵塔在阳光下更显洁白如玉,满园的苍木翠柏用较浓重的笔触表达,造成了一种千古永存、庄严肃穆的氛围。

第六章 作品赏析

图 90　安徽的民居村巷相通，小巧玲珑，造型各异的门楼随处可见，粉墙青瓦历经百年风雨后，早已斑驳脱落，用自由曲线及不规则排线小笔触表现比较合适，由此而产生了一种厚重的历史古旧感。

图 91　钟楼式的上海老图书馆建筑与南京路上现代都市广告、车流形成了鲜明的对照。高楼的背光面与天空用人字纹表现出古老而又经松的感觉。

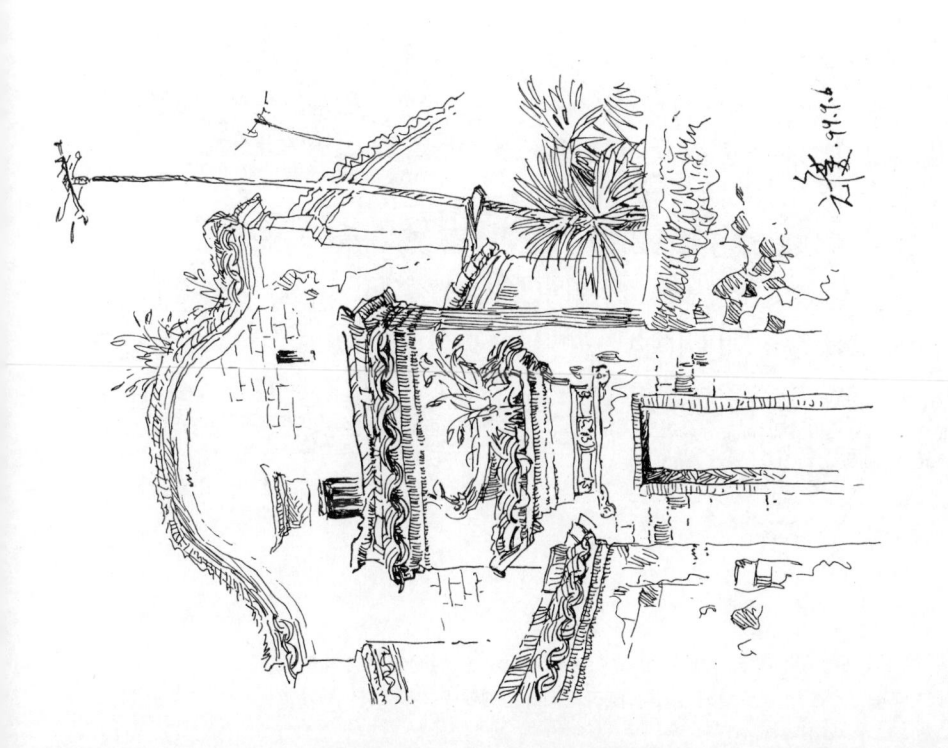

图 92

高大的新屋已经造好，石垒的故居破房遭到了废弃，四周杂草丛生，一派荒芜景象。除了门洞用席纹线组描绘外，其他都用了看似漫不经心的线条，以加强一种陈旧中显轻松的效果。

图 93

江南园林中的亭台楼阁结构复杂、装饰精细，作品用密集的线条来进行刻画，与前景白描式的大树枝干形成了强烈的反差，充分体现了"密不可插针，疏可跑马"的中国传统绘画要诀。

图 94

　　精细的笔触，错落的布局，皆有助于表现江南水乡枕河人家的秀美风光。左右建筑及石桥下部细节的轻描淡写，使画面上部的主体楼屋更为集中突出。

图 95

　　此幅山村雪景用密集的席纹、垂直穿插等排线，表现了厚重的石墙和古旧的门楼，屋顶则基本留白，与光杆的树枝及稀少的人物共同组成一种严冬萧瑟的意趣。

图 96

　　画面用了仰视的角度,力图表现大楼的高大、雄伟,建筑物的背光阴影部分,运用相互插入的长直线条,有助于立体感和重量感的加强,断续的钝挫单线,尤其适合于古旧建筑的描绘。

图 97

　　流畅坚挺的直线勾画出现代建筑物恢宏、简洁的外形，画面中心阴影的加重，与受光部分曲面楼体的浅调相映成趣，背景天空飘浮的流云，更是衬托出楼群我自巍然不动的稳重本色。

图 98

　　作品以山村溪涧石桥为主体，用粗直的线条表现石料质朴、厚重的质感特点，与自由、柔和的曲线所描绘的灌木、草叶形成鲜明的比较，中心部位桥洞阴影的深暗色调，使画面构图更为集中。

图 99

用较工整的线条表现了构成艺术为现代建筑注入的理性力量,显示了几何造型的流畅、简洁的立体风格。

第六章 作品赏析

图 100
　　两侧高耸的塔楼与中厅主体构成典型的歌特式教堂风格的外形。局部和细部都有尖细的上端，充满向上的冲势，表达了"与天空接近，与上帝对话"的宗教玄学。画面用大量精巧、直向的线条，恰当地体现了巴黎圣母院的建筑风格特色。

图 101

此庭园一角小景中，多角形建筑的冷峻、凝重，与随意、飘逸的树枝形成了有趣的对照。画面中下部的灌木树丛与席纹画成的石栏，同样具有刚柔不同的比较美感。

第六章 作品赏析

图 102
　　风起云涌的天空与前景飘动的旗帜，烘托着东方明珠塔高耸入云的伟姿，画面显得静中有动而富有情趣。塔球和塔柱都刻画得较为精细，显示建筑的高品位和高质量。塔顶因篇幅关系虽未画出，却使人留下了更为雄伟、高大的想象余地。

第六章 作品赏析

图 103

巴洛克建筑波浪曲折的山花充满动态，非理性造型手法使得建筑立面光影凸现，富有生机。采用线条的粗细对比以强调这种光影和丰富的细部。

第六章 作品赏析

图 104

徽州明代住宅多以高大墙垣"马头山墙"包绕，围合成狭小内院，自成天井，空间高敞；在梁柱及节点、栏杆细部等处有精美的木雕、砖雕，以不同形式的点、线笔触反映灰墙、木梁柱、砖瓦的不同质感。大面积留白墙成为烘托前景的背景。

第六章 作品赏析

图 105

伦敦水晶宫是博览会建筑典范。运用直而长的硬线条勾勒骨架,强调空间透视,运用疏且走向不同的排线表现明暗与光影,再现工业时代大暗器尘上的环境气氛。

图 106

上海外滩建筑群鳞次栉比，高低参差，重点刻画建筑，路面以留白为主，忽略灰调子，使建筑形象更为突出。

第六章 作品赏析

图 107

以夯土墙构筑的山地民居外墙残破；生活什物的刻画是为了打破"一"字形构图的呆板，为画面增加跳跃的元素。

第六章·作品赏析

图 108

法国凡尔赛宫是西欧文艺复兴时期古典理性建筑精神与园林艺术之集大成。严谨的古典柱式与三段式立面形象成为控制建筑立面构图的基本因素。建筑与雕塑曲直相生,呼应成辉。

图 109

农家院坝小景以结构白描为主,略施明暗,以流畅的线条反映轻松、平实的生活情形。

第六章 作品赏析

图 111

粗细结合的线条,用笔奔放不羁,透视及色调效果很好地表现出庭院深深的空间感,建筑的古朴厚重感。

图 110

建筑场景层次较多,因此采用虚实黑白相互衬托的手法,以拉开空间层次。

第六章 作品赏析

图112

以流畅、轻松的笔法,描绘了春风中飘垂的杨柳和皱皱的一池湖水,中心部位中式凉亭廊桥虽然形体不大,却能充分体现江南风景的秀美风格。

第六章 作品赏析

图 113

肯定而流畅的线条表现了外形富有特色的上海城规大厦，与两边单线处理的传统老建筑比较，更具现代感和立体感。

图 114

山东农村茅草土屋的质朴之感刻画得比较成功，笔法简练、老到。

第六章 作品赏析

图 115
　　花园式的大学校园，教学主楼被安排在画面中心，各种树木、建筑众星拱月地围在周边，浓密线条的大草坪和空白广场的对比，更增添了透视的空间开阔效果。

图 116
　　阳光下的别墅显得明快、安宁，墙面上斜向的排线起了良好的功效，湖中倒影潇洒的用笔，更加强了这种怡人的氛围。

第六章 作品赏析

图117
典型的石库门房屋建筑，密集工整的砖砌外墙形成中间调子，与黑色的门、留白色的天空、地面，组成一个和谐的画面，精美的浮雕与柱灯更显出二三十年代的风格。

图118
广场地面大方砖的透视线，将后面的建筑群体拉开了距离，成群服饰各异的游客，为景点古迹平添了几分热闹和生气。

第六章 作品赏析

图 119

东南亚建筑风格楼群与中景的树丛作平行式构图。逆光处理使房屋更显出丰富的层次及深沉、稳重的感觉,而前景的弯细枝条则为画面的动感增色不少。

第六章 作品赏析

图 121

颇有特色的小区建筑，四周绿树成荫，环境宜人，采用轻松、爽快的笔调和对细部的无力描写，以适应现代人渴望回归自然、追求舒适安闲的普遍心态。

图 120

塔形钟楼都用密集的横线条处理，造成较深暗的明暗色调，在留白的天空衬托下，古老建筑更显庄重、稳健。

102

图 122

整座欧式建筑采用典型的三角形构图，不同的用笔表现出外墙木条和屋面瓦片的质感差别。屋檐和门窗的投影加强了作品的光影效果。

图 123

以廓形线为主稍衬明暗的画法，表现山村宁静、淳朴之风情。由深至浅的明度渐变处理，有助于空间远近、虚实的表达。

第六章 作品赏析

图 124

　　安徽西递的宗族祠堂，大门气势恢宏，门前飞檐翘角，两边栅栏森严使人敬畏。粗细结合的线条集中表现了这类古建筑的精美和气度。

第六章 作品赏析

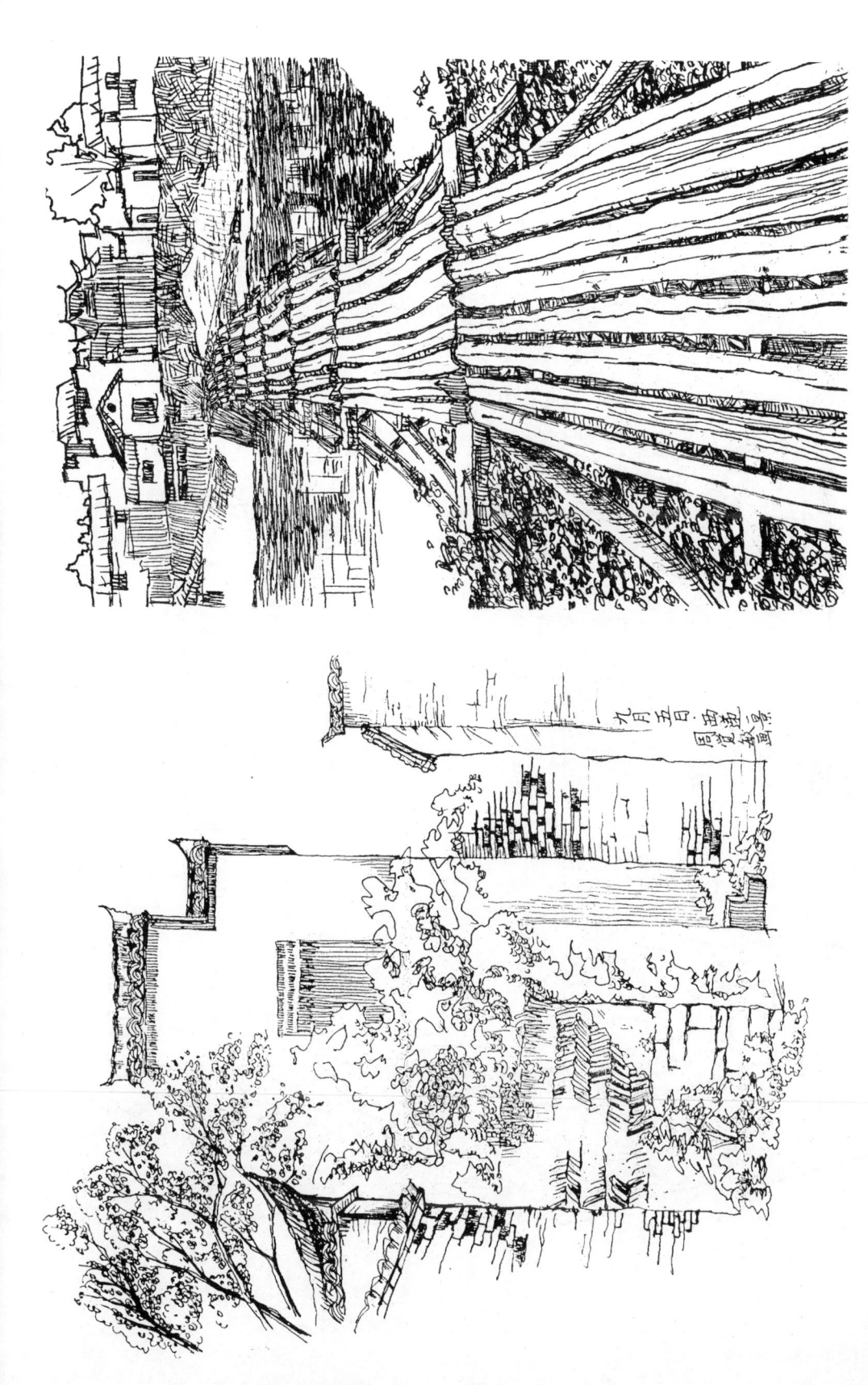

图 125

成排原木铺成的桥梁不断延伸,焦点式透视将人们视线引向画面深处。画面色调虽然比较复杂,但作者处理起来却颇为得心应手。

图 126

徽派民居的大门虽没有崇祠那样气派，但也颇为讲究，其精美及壮观有异曲同工之妙，用席纹和垂直排线表现这种厚重感甚为适当。

第六章 作品赏析

图 127 水乡老建筑上的瓦片、木窗,均用密集线条描绘,与天、水的空白形成了明显的疏密对比,真所谓"密不能插针,疏能跑马",取得了以少胜多的艺术效果。

图 128

　　庄严佛塔的线条稳重、刚劲，与两旁树木潇洒、轻松的线条形成鲜明的质感对比而富有情趣。

第六章 作品赏析

图 129

　　古老的教堂是图中的主题建筑，因此用密集线条去充分表达，两旁的树木只是陪衬而已，所以处理成几乎只有外轮廓的白描形式，最终效果是"带有风景的建筑物"，而不是本末倒置。

第六章 作品赏析

图 130

本图刻画了园林式校景的一角，重点表现在阳光照耀下充满了蓬勃生机的各式树木，而后面的老式建筑仿佛成了陪衬，主次分得很清。

第六章 作品赏析

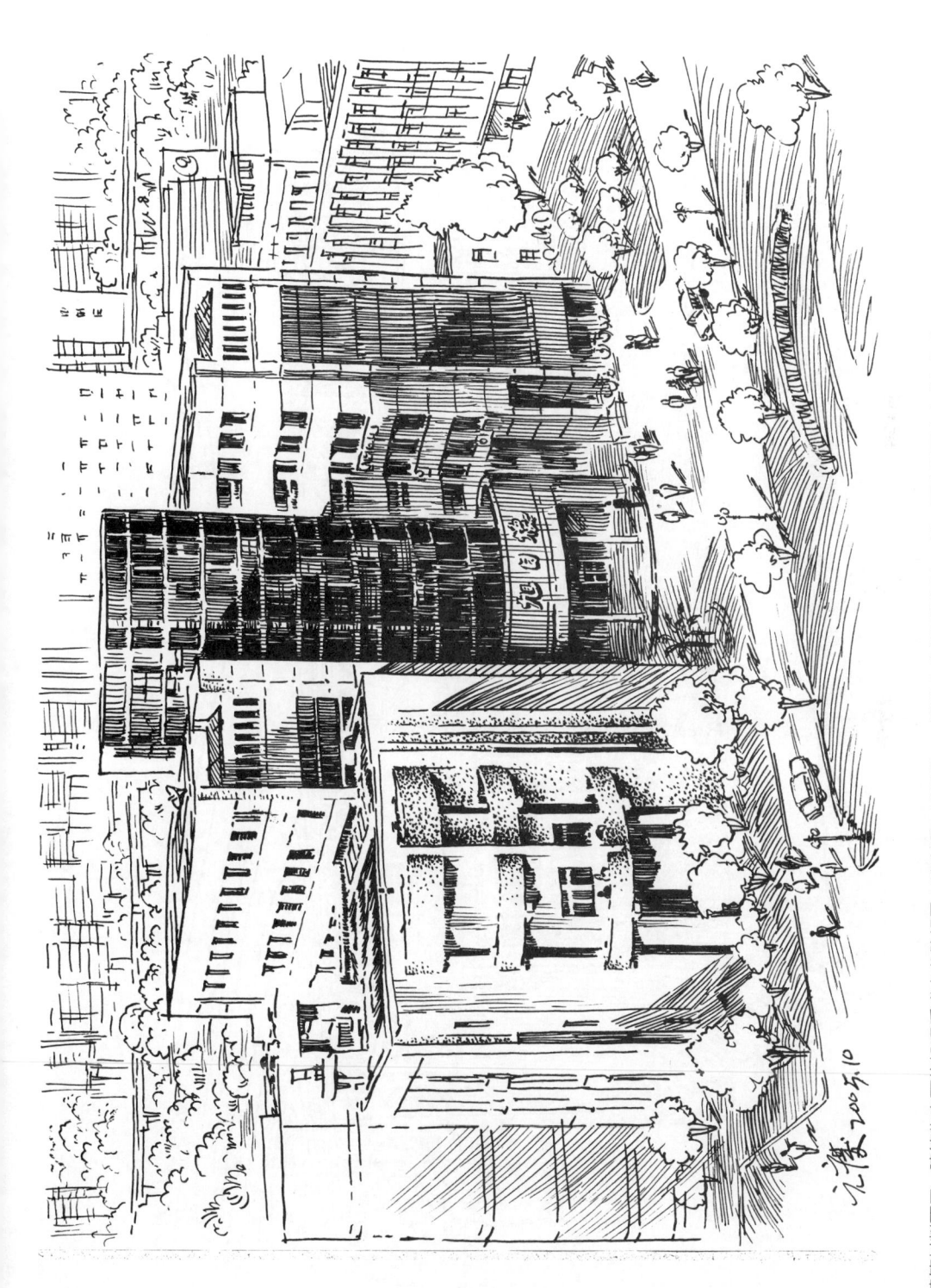

图131

由于建筑材料不同，建筑物表面的机理质感也必然相异，或光滑、或毛糙……因此，必须要运用点、线、面造型原素来进行各种处理，才能加以充分表达。

第六章 作品赏析

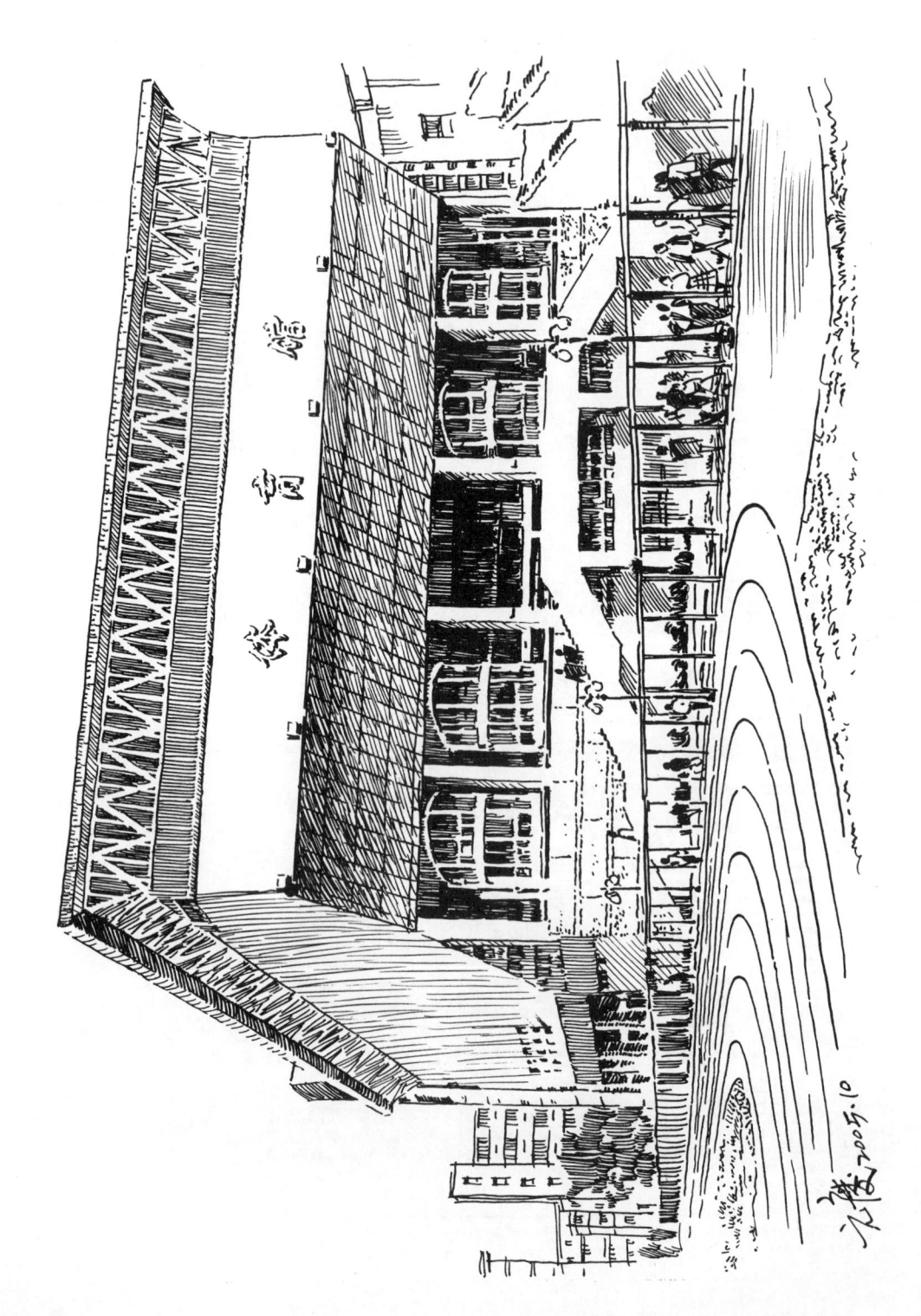

图 132

体育馆建筑物的直线轮廓与运动场上的跑道的曲线，形成了鲜明而有趣的对比。但弯道形态的表达一定要正确把握，否则，难以体现具空间透视感觉。

第六章 作品赏析

图133

由高层建筑围绕的大学园区内，形态各异的教学楼、科研楼星罗棋布，与周围的高架道路、高楼大厦、绿地树木形成现代都市风貌的全景，俯瞰的效果表现出三度空间的宽广和深远。

第六章 作品赏析

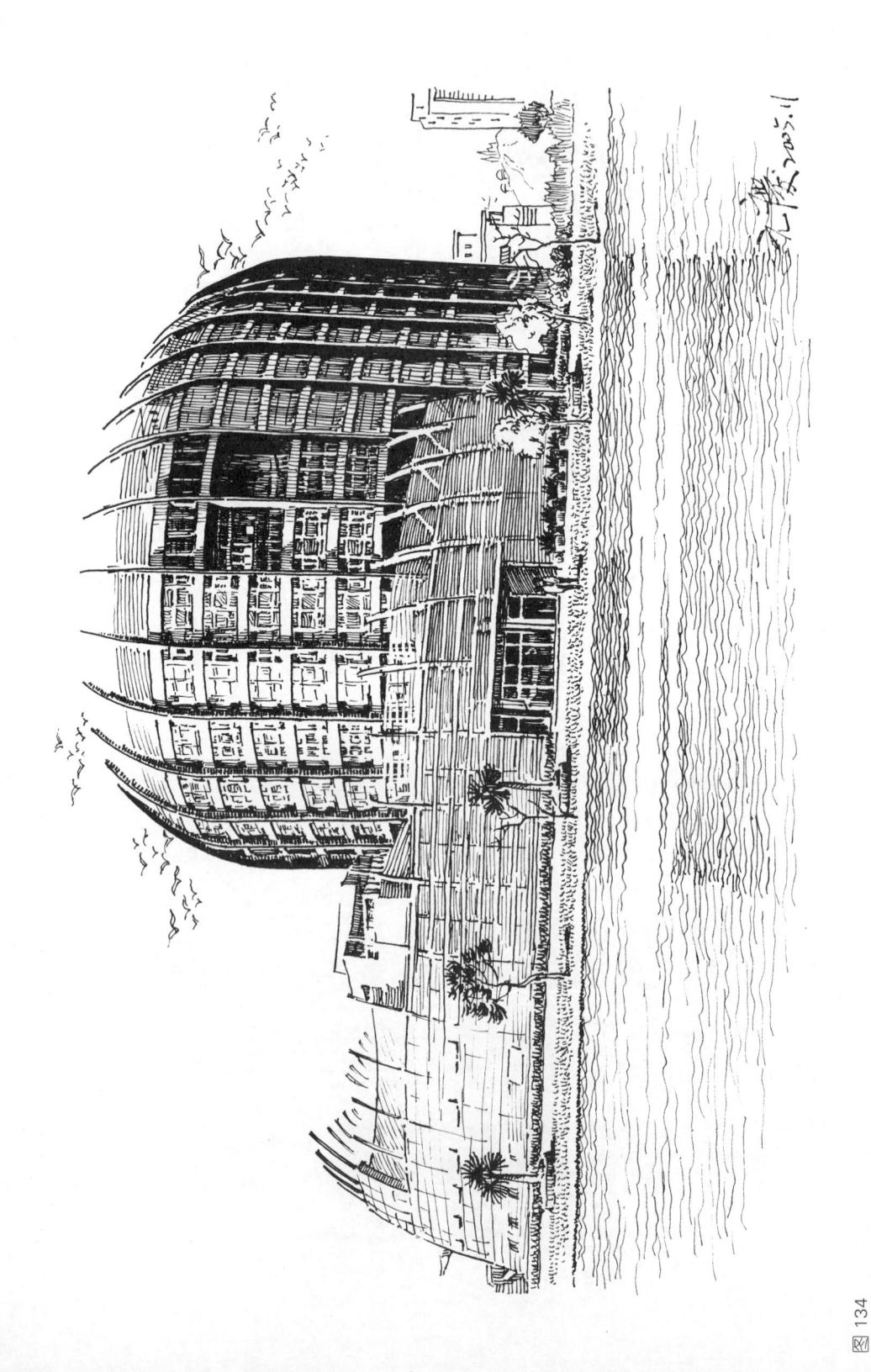

图134

大学新校区内，富有特色的建筑物随处可见。作者用严谨的笔法较好地体现了圆形大厦的结实和深厚，人造湖中的波纹倒影，更显示了校园的开阔和秀丽。

第六章 作品赏析

图 135

在楼厅内复杂的暗部明影衬托下，使室外的花草、天空变得格外明朗、敞亮，更觉得生机盎然、朝气蓬勃。

图 136

　　墙红树绿，花草遍地，莘莘学子漫步在这样的校园内，人与环境结合得那么自然，一切都显得十分和谐、宁静、雅致。

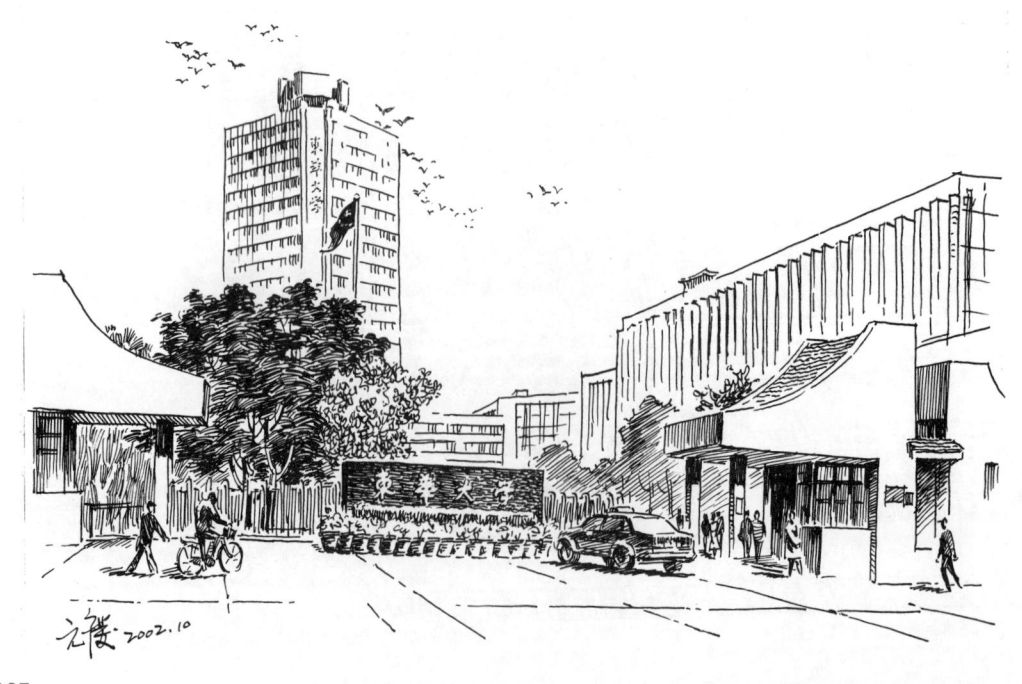

图 137

　　大楼、校门、校牌，各有色度变化，与树木拉开了明暗层次，画面笔法爽利、浑然有序。

第六章 作品赏析

图 138

　　古堡式的孤楼座落在郁郁葱葱树木包围之中，塔楼上的爬山虎与藤蔓，用笔比较恰当、自然，和建筑物有机地结合在一起。

图 139

拔地而起的新大楼高耸入云,均用较细的线条刻画,与低矮的老屋形成鲜明的对照,路口几棵树木用笔粗放,打破了画面略显单调的气氛。

图 140

　　江南园林中的一座亭子，配以竹林、小树、山墙、假山……组成极为常见的一景。由于运用了虚实对比的手法，却也能给人轻松而生动的观感。

第六章 作品赏析

图 141

　　苏州园林中的造型元素很多，有亭台、楼阁、长廊、湖石、水池、花草、树木等，集中表现时，明暗、色调一定要处理得恰到好处，否则很容易产生杂乱无章的弊病。

图 142

　　椰树及芭蕉是南方标志性植物，配以异国情调的建筑物，黑白分明、对比强烈，充分表达了南洋岛国的特有风貌。

第六章 作品赏析

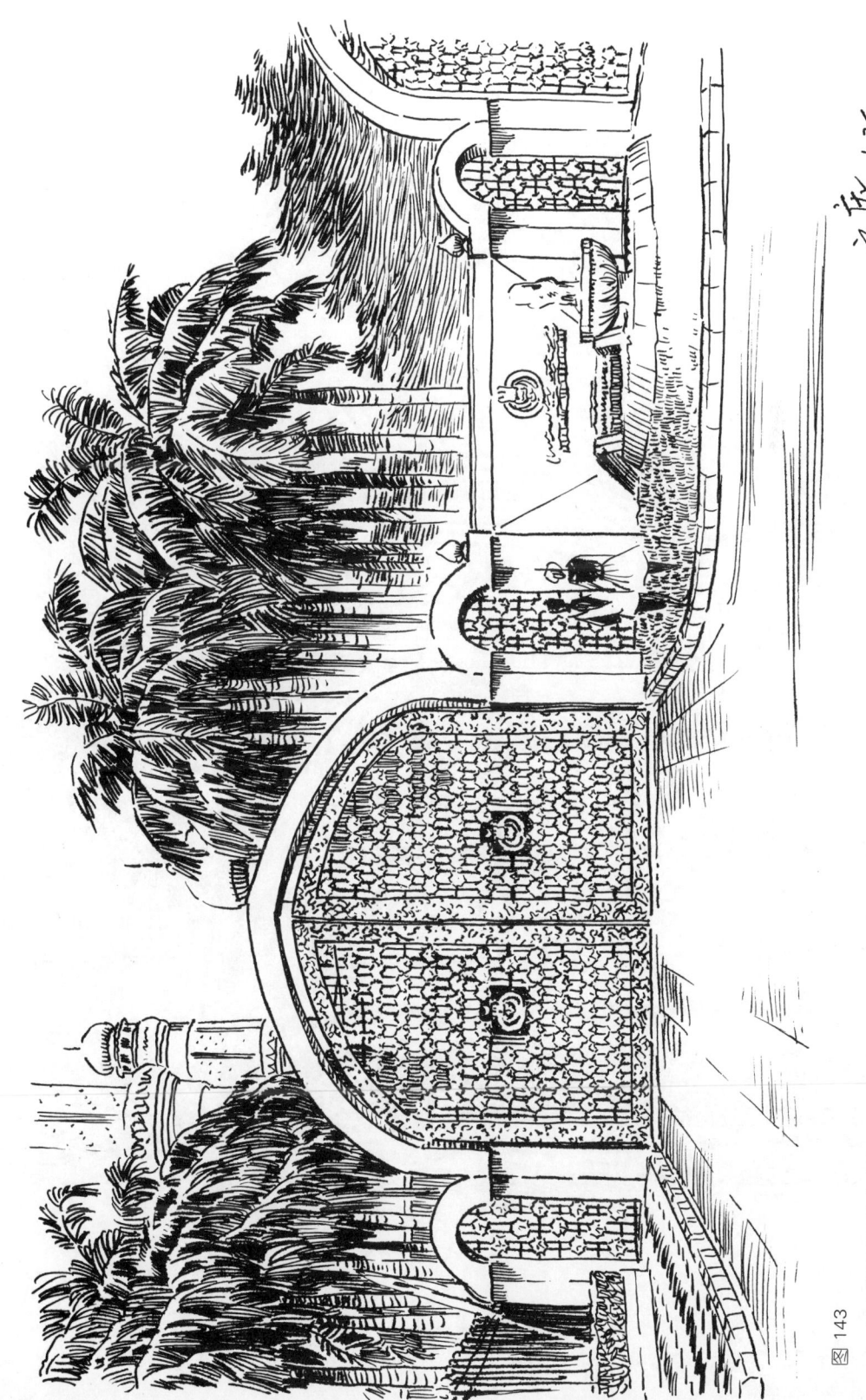

图 143

图中将装饰豪华的大门、大片椰林及洁净的天地处理成中、深、浅三个明暗色调层次,虽繁琐细致,却不失整体统一的感觉。

第六章 作品赏析

图 144

　　塔形建筑上的图案精致而又复杂，描绘时注意既不能画得太刻板，但也不能太随意，同时还要充分表达透视及立体感，本图例较好地解决了这方面的难题。